岡山の絶滅危惧植物

―貴重な植物をタネから育てて守る―

日原　誠介

日本文教出版株式会社

岡山文庫・刊行のことば

岡山県は古く大和や北九州とともに、吉備の国として2千年の歴史をもち、遠くはるかな歴史の曙から、私たちの祖先の奮励とそして私たちの努力とによって、現在の強力な産業県へと飛躍的な発展を遂げております。

小社は創立15周年にあたる昭和38年、このような歴史と発展をもつ古くして新しい岡山県のすべてを、〝岡山文庫〟(会員頒布)として逐次刊行する企画を樹て、翌39年から刊行を開始いたしました。

以来、県内各方面の学究、実践活動家の協力を得て、岡山県の自然と文化のあらゆる分野の様々な主題と取り組んで刊行を進めております。

郷土生活の裡に営々と築かれた文化は、近年、急速な近代化の波をうけて変貌を余儀なくされていますが、このような時代であればこそ、私たちは郷土認識の確かな視座が必要なのだと思います。

岡山文庫は、各巻ではテーマ別、全巻を通すと、壮大な岡山県のすべてにわたる百科事典の構想をもち、その約50%を写真と図版にあてるよう留意し、岡山県の全体像を立体的にとらえる、ユニークな郷土事典をめざしています。

岡山県人のみならず、地方文化に興味をお寄せの方々の良き伴侶とならんことを請い願う次第です。

岡山県指定希少野生動植物種

◀ミズアオイ

▼サクラソウ

▶マルバノキ

▼エヒメアヤメ

▲ミチノクフクジュソウ

◀オキナグサ P.38

▲セツブンソウ P.28

▼オオアブノメ P.43

▲キビノミノボロスゲ P.33

▲コイヌガラシ P.48

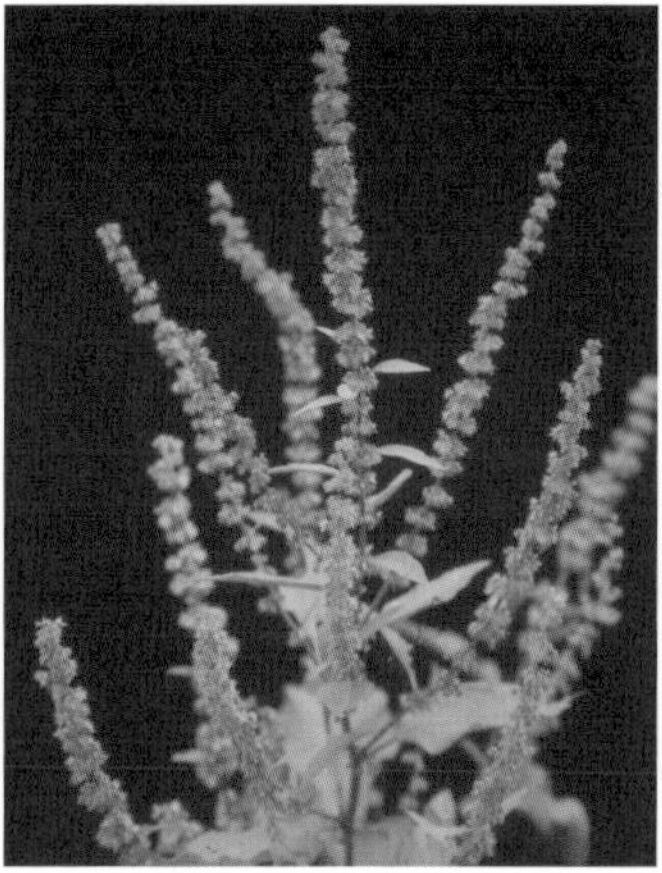

▲キブネダイオウ P.58

▲チョウジソウ P.53

▲オグラセンノウ P.63

◀ビッチュウフウロ P.68

▲アオイカズラ P.73

▶ガガブタ P.78

▲サンショウモ P.88

▲ヒメシロアサザ P.83

▲ヤチシャジン P.103

▲タコノアシ P.93

◀キキョウ P.113

▼ヒシモドキ P.98

▼オニバス P.108

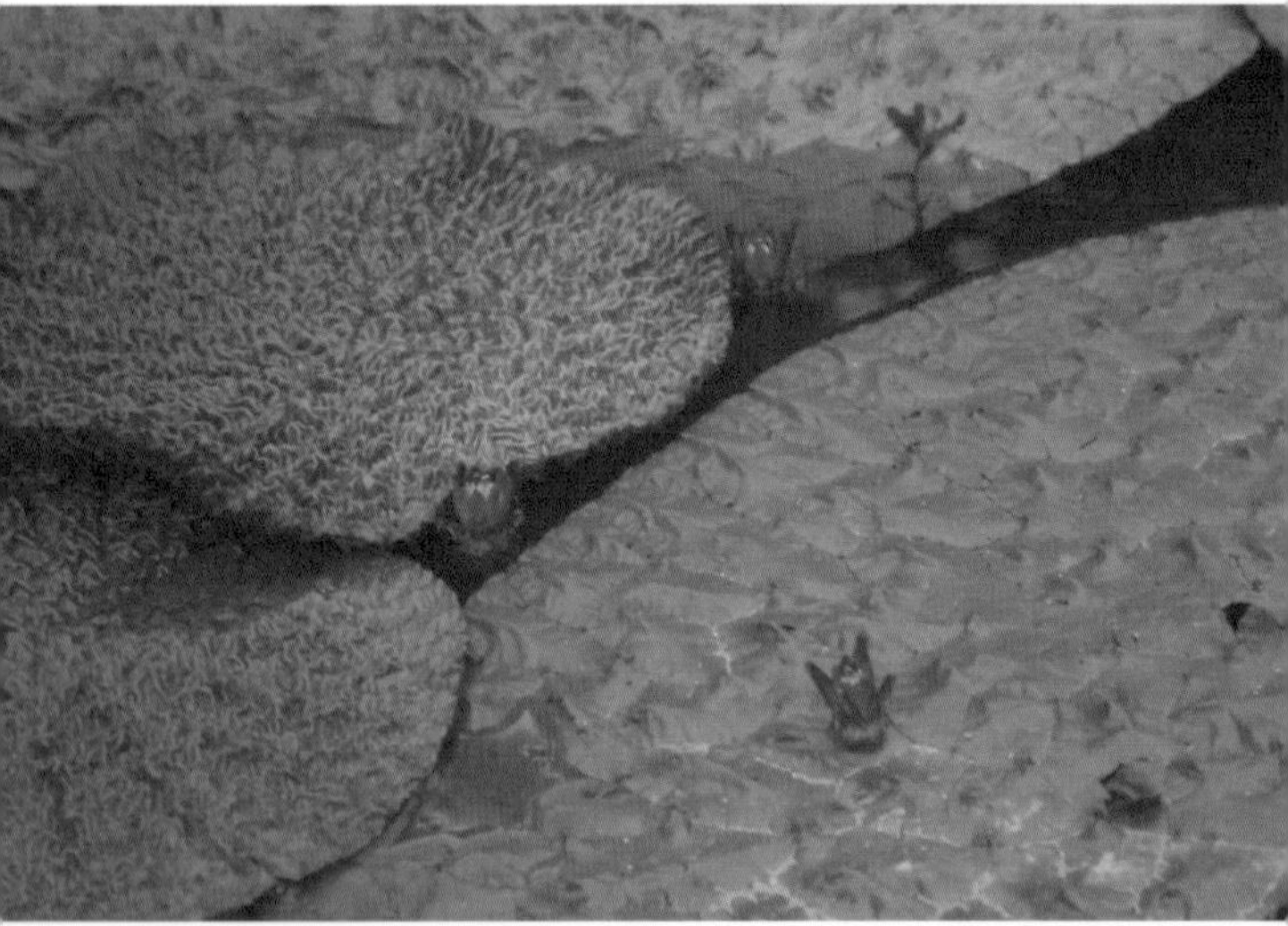

▲ミコシギク P.128

▼フジバカマ P.118

▼ミゾコウジュ P.123

▲ウスバアザミ P.133

▼イヌノフグリ P.148

▼ナガバヤクシソウ P.138

▼シラガブドウ P.143

はじめに

近い将来絶滅するかもしれない生物種のことを「絶滅危惧種」といいます。日本には、約7千種の植物が自生していますが、そのうち2千種程度について現在絶滅が危惧されています。このような種については環境省や岡山県でレッドデータブック*が発表されていますが、岡山県にも絶滅が心配される植物が多数自生しています。そこで、この本では、そのうち比較的簡単に繁殖できて栽培しやすい植物にしぼって紹介しています。ただ見るだけでなく実際に触れることによって植物のおもしろさを知ってもらい、一般の人や子供たちにも自然保護の手助けができることを実感してもらえれば幸いです。

植物は人間の生活と密接に関係しており、自生地を守るだけでは保護することができません。そのため、人間が積極的に保護し、人工的に繁殖させることも必要になり、一般の人も自然保護に協力することができると思います。

*レッドデータブック【Red Data Book】…絶滅のおそれのある野生生物に関するデータ集。国際自然保護連合が一九六六年以来刊行。表紙が赤いのでこの名がある。日本にも各種の国内版がある。（新村出編『広辞苑』（第七版、三二三頁）岩波書店・2018）

目次

表紙…ナガバヤクシソウ／裏表紙…ビッチュウフウロ
扉…キキョウ

Ⅰ　岡山県の絶滅が心配される植物

岡山県は地形から北部、中部、南部の三つに大きく分けられますが、地域によって多様な自然環境があるため、約２２００種の植物が分布しています。北部地域は温帯に属し、落葉広葉樹が多くありましたが、牛の飼育がさかんとなったため木が切られて、日当たりのよい牧草地が広がっていました。しかし、戦後農作業に牛を使わなくなると牧草地が維持されなくなり、オキナグサやコウリンカ、キキョウなどの明るい草原を好む植物は急速に減少しています。

中部地域には高原状の山地があり、吉備高原と呼ばれています。この地域は暖帯に属しているため、常緑広葉樹が発達していましたが、人の手によって開発され、フキヤミツバやキビヒトリシズカ、タカハシテンナンショウなどの岡山県で最初に発見された植物が減少し、見ることが難しくなっています。また、この地域の西部には石灰岩地帯があり、阿哲地域と呼ばれています。ここにはナガバヤクシソウやシラガブドウなどこの地域特有の固有種が分布し、湿地帯にはヤチシャジンやオグラセンノウ、ミコシギクなどの朝鮮半島とつながりがある貴重な植物が自生していましたが、観光開発や石灰岩の採収によって個体数が急速に減少しています。

岡山県の地形による地域区分

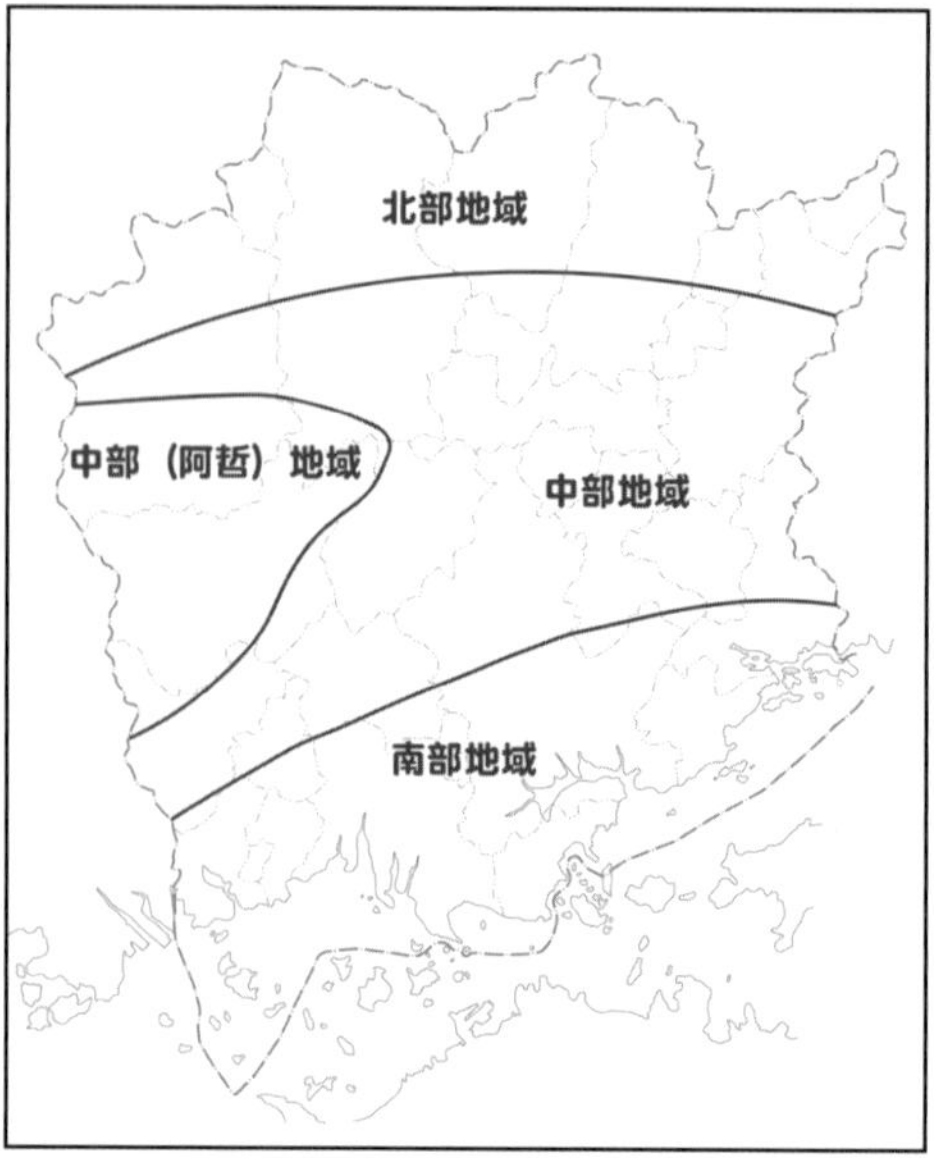

キビヒトリシズカ

コウリンカ

タカハシテンナンショウ

フキヤミツバ

南部地域は、低い山や丘と広い平野が瀬戸内海に接しており、広葉樹が発達していましたが、人間生活の影響を受けて破壊され、アカマツ林に代わってきています。この地域は雨が少ないため、多くのため池や沼が存在し、ガガブタやオニバスなどの水草やヒメシロアサザ、ミズアオイなどの湿地に生える植物が生育していましたが、近年宅地造成や水質汚染のため、自生地が減少しています。

このように岡山県では人間活動によって、昔からあった貴重な自然が破壊され、多くの植物が絶滅の危機にあります。

Ⅱ　絶滅が心配される植物を増やして守る

絶滅が心配される植物を守るためにはその植物が生育する自生地を守ることが最も重要です。しかし、人間が道路や宅地を作ったり、ため池を改修したりすることを止めることはできません。そこで、このような開発を行う際には絶滅危惧種によく気をつける必要があります。また、キキョウやエヒメアヤメなどの植物は草刈りや草原の火入れなど人間の活動によって維持されてきたため、このような活動が行われなくなってきた結果、絶滅におちいっています。そのため、絶滅から救うためには草刈りなどを再開する必要があります。

しかし、すべての絶滅危惧植物の自生地を保護することは不可能です。そこで、人間が人工的に繁殖していくことも今後重要になってくると考えています。現在、各地の植物園では絶滅危惧植物の繁殖に取り組み始めていますが、植物は生えている地域や産地によって遺伝的に様々で、性質が少しずつ異なっています。植物を保護するためにはこのような多様性を保持することが重要になってくるため、すべての産地の植物を植物園だけで保存することはできません。

そこで、学校の子供たちや一般の人たちがそれぞれ異なる産地の植物をタネから育てて繁殖させ、絶滅危惧植物を保護していくとともに、植物に接する体験から自然保護に対する機運を高めることができるのではないかと考えています。

自然界では風雨によってほとんどの種子が流されてしまうため生き残る個体は少なくなってしまいますが、人間が保護することによって最適な環境を整えると多くのタネが発芽し、多数の苗を得ることができます。この増えた苗をまたほかの人に分けてあげればさらに増やすことができます。このようにして増えた植物を公共の植物園などに植えればさらに多くの人の目にふれることになり、知ってもらうことができます。

しかし、増やした苗を自生地に返すことはお勧めしません。植物は産地によって性質が異なっているので異なる産地の苗を移植することによって混乱が発生します。また、人工的に繁殖した苗には自生地にはない有害な病気や害虫が潜んでいる可能性があるため、十分注意する必要があります。自生地に返すのではなく、人間の保護下で保存していくことが最も良いと考えています。このような観点で、次の章からは岡山県の代表的な絶滅危惧植物の特性と繁殖方法について解説していきたいと思います。

ほとんどの植物は、タネをまき苗を育てることによって増やすことができますが、種子が極めて小さいランの仲間や種子をつけないシダの仲間は増やすのが難しいので、栽培はひかえてください。また、野外から植物の苗を採集して育てることもやめてください。もし、入手が難しい植物を手に入れたい場合は、ホームセンターや通信販売で苗を購入し、それから種子を採集して繁殖させてください。現在は観賞価値のある山野草のほとんどが種子や株分けによって繁殖されていますので手に入れやすくなっています。

しかし、観賞価値のない珍しい植物は手に入れることが難しいので、野外から取ってくる必要があります。その場合は苗を採集するのではなく開花後種子が実ってから種子を少しだけ採種し、タネまきして苗を育ててください。苗を採集して家で育てようとしても環境が自生地と異なるためほとんど枯れてしまいます。自生地で苗を採集すると個体数が減少してしまいますが、種子を少しだけ取る方法はダメージが少なくてすみます。また、種子から育てた苗はその土地の環境に適応してくるため丈夫で育てやすくなります。

なお、岡山県では、条例で県内産のサクラソウとエヒメアヤメ、ミズアオイ、マルバノキ、ミチノクフクジュソウの5種について採集が禁止されており、原則として販売や譲渡と栽培を禁止していますので十分注意してください。また、国立公園内等での採集も禁止されてい

サクラソウ

エヒメアヤメ

ミズアオイ

ますので十分気をつけてください。

どうしても手に入れたい植物がある場合には、絶滅危惧植物を取り扱っている業者からカタログを取り寄せてから注文してみてください。

マルバノキ

ミチノクフクジュソウ

ネットショップで取り寄せできる場合もありますが、数は限られます。

また、岡山山草会では、岡山県に自生する野生植物を種から育てていますので、入会をおすすめします。この会では会員が育てた植物を年3回展示し、増やした苗を安く販売して、栽培方法の講習会も開催しています。

●岡山山草会　連絡先（連絡や質問は往復はがきでお願いします）
〒703－8287　岡山市中区赤坂台16－6　日原　誠介

●絶滅危惧植物取り扱い業者（ネット注文はできません。カタログを請求して下さい）
緑の小包社　FAX　0287－75－0604
〒329－3446　栃木県那須郡那須町大字沼野井字大林1368

III　タネから育てる岡山の絶滅危惧植物

1　春を告げる雪の妖精　セツブンソウ

◆自生地と特性

セツブンソウは山野草のなかで最も早く咲きだす早春植物の一つです。その名のとおり旧暦の節分のころから咲きだし、まだ雪が残っている里山でも開花することがあります。この植物は日本だけに自生する固有種で、関東地方から中国地方の広島県まで分布しています。落葉広葉樹の林やクリなどの果樹園で見られますが、近年スギなどの植林や道路工事、観賞目的の採集などによって全国的に数が減少しているため、絶滅が危惧されています。しかし、岡山県ではまだ多くの自生地が残っており、美作市では住民が保護している産地があります。

セツブンソウの花は3㎝あまりで、おしべが紫色の白い花を茎に1個だけ付けて、高さ5～15㎝となります。葉は羽状に裂けて初夏には地上部が枯れてしまいますが、そのころには種子が成熟します。地下

セツブンソウ

には直径1・5㎝前後の球根があり、夏の間は休眠していますが、11月ごろから芽を出し始め2月には地上部に出て開花します。

◆繁殖と保護

繁殖は種子だけで行っており、球根が分球して増えることはありません。種子は小さな袋のような果実に数

セツブンソウの果実

個入っており、5月中旬には成熟しますが、発芽するのは翌年の1月ごろとなります。最初の年は丸い子葉が出て、初夏までに小さな球根を付け、次の年から羽状に裂けた本葉をつけ始めて、タネまきから4年目以降に花を咲かせます。

タネまきの方法は、初夏に種子が取れたらすぐにタネをまきます。深さ15㎝程度の鉢に桐生砂と赤玉土を半々に混合した土を入れてタネをまき、上から覆土はせずに水をかけて涼しい場所に置いておきます。夏から秋にかけても水やりを続けていると翌年発芽してきます。

発芽してから地上部が枯れるまでは日当たりの良い場所で育てて、夏から秋にかけては木の下などの涼しい半日陰で管理すると数年で開花します。

開花まで時間はかかりますが、発芽率は良くタネまきした場所に適応した苗が得られるので、タネから育てることをおすすめします。セツブンソウの球根は地下深くにあり、茎がとても細いので採集は困難です。球根は10年程度で腐ってしまいますから、毎年タネまきするのが理想です。そうすると毎年花を見て、採種することができます。

自生地では春に日当たりが良くなるようにして、夏に涼しい環境を作ってやると数が増えてきますから、庭で簡単に育てることができます。最近はホームセンターでも苗を売っているので入手は比較的簡単ですが、タネ取りをするためには最低2個体を買って交互に花粉を受粉してやる必要があります。

岡山県ではすぐに絶滅する心配はありませんが、今ある自生地がなくならないように今のうちから注意し、保護活動できるような環境をつくることが大切です。

2 古代のロマン　キビノミノボロスゲ

◆自生地と特性

岡山県には、オグラセンノウやミコシギクなどの朝鮮半島に起源をもつ植物が今も残っています。キビノミノボロスゲもそのような植物の一つで、最初は岡山県の神社で発見され、新種とされましたが、のちに朝鮮にも自生することがわかりました。和名は最初に発見された吉備地方にちなんでいますが、神社の一部にしか自生しないことから、神社のお祭りのために朝鮮から持ち込まれたのではないかと考えられています。

キビノミノボロスゲは草原に生える多年草で、4月下旬にコムギに似た穂が出て開花するころには高さ40～50㎝になります。果実は、長さ3・5～4㎜の円すい形で、灰色がかった黄緑色をしていますが、開花から1カ月程度で熟すと自然にポロポロと落ちます。

タネは6月に地表面に落ちますが、その年にはほとんど発芽せず、翌年の3月ごろから発芽します。株は冬には地上部が枯れてしまいますが、春になると新しい葉が出て、毎年花を咲かせ株はしだいに大きく成長していきます。

キビノミノボロスゲの開花

◆繁殖と保護

増やすには株分けかタネまきをする必要があります。タネまきの方法は、果実が黄色く色づいてきたら落下する前に採種してすぐにまきます。タネは、深さ15㎝程度の鉢に桐生砂と山砂を半分ずつ混ぜ合わせた土を入れてまき、5㎜程度の厚さで土をかけます。タネが乾燥しないように鉢の下に水をためて管理していると翌年の春に発芽してきます。最初は針のような形の葉が1枚出てきますが、これを日当たりの良い場所に置いておくと2か月程度で葉が2、3枚出て、秋には小さな株になりますからポットへ1株ずつ移植してやります。タネまきから開花までに2~3年必要ですが、放置しているといつまでも株が大きくならないので、1年目に移植をおすすめします。肥料を水に溶かしてやると株が早く成長して大きくなり、年々穂数も増えていきます。

ただし、この種子は落下するころには十分熟しておらず、夏の間に

キビノミノボロスゲの果実と種子

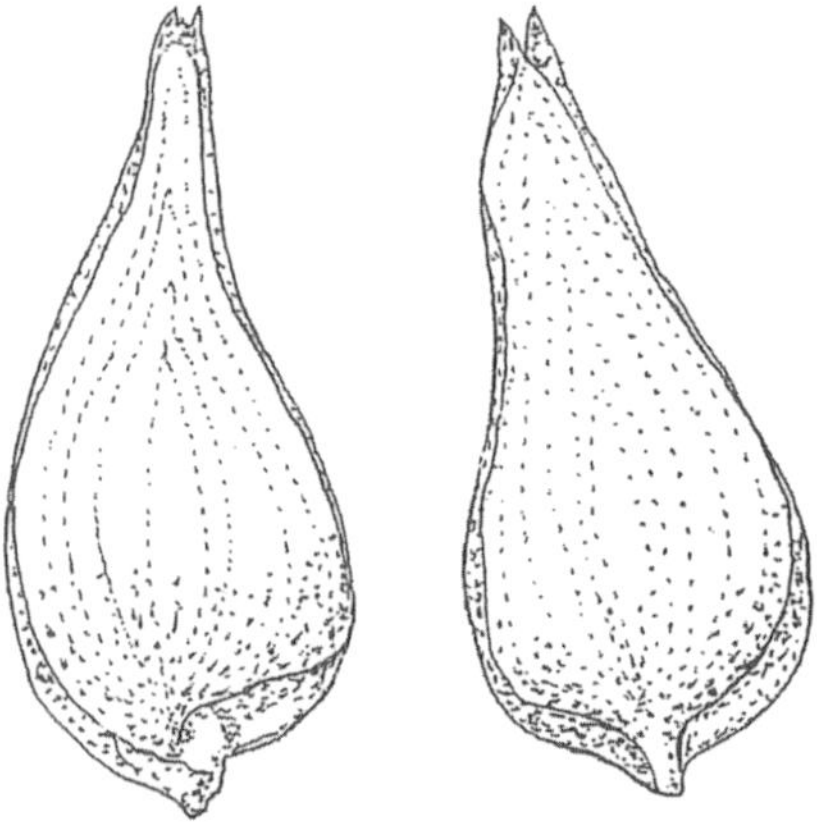
キビノミノボロスゲの種子

少しずつ成熟して発芽能力をもってくると考えられていますから、乾燥させないように注意する必要があります。そのため、タネをすぐにまく取りまきが適しています。また、勝手にタネが鉢の外に落ちて発芽することもあります。

キビノミノボロスゲは日当たりが良くてやや乾燥する場所を好むので、自生地では定期的な草刈りなどをしてやる必要があります。現在自生地では柵を作って自由に入れませんが、数がこれ以上減少すると回復が難しくなるおそれがあります。将来的には人工的に増やすことが必要になるかもしれませんが、タネの入手は難しいかもしれません。花が美しいわけでもなく、目立たない植物ですが、日本では岡山県だけにしかない植物ですから、かけがえのない財産として今後も大切に見守っていく必要があります。

3 春の草原に白い毛の翁《おきな》 オキナグサ

◆自生地と特性

岡山県北部は古くから牛の飼育が盛んで、牛の放牧をするために、日当たりの良い草原が広がっていました。このような草原にはコウリンカやゴマノハグサなどの特有の植物が生育していましたが、近年は牛を牧草や輸入飼料によって育てるようになり、放牧をしなくなったため自然の草原が失われています。

オキナグサは、そのような草原に生育する植物の一つで、日本では本州、四国、九州に広く分布していますが、草原の減少によって自生地が少なくなっています。また、花が美しいため観賞用に採集されることも多く、個体数が著しく減少しています。

オキナグサは、長い根をもった多年草で、主として種子で繁殖しています。花は赤紫色で4月ごろ咲き、めしべは花粉が受紛すると5㎝

程度に伸びてお爺さん（翁《おきな》）の白髪のようになり、種子は風に飛ばされて分布を広げています。

オキナグサの花と果実

◆繁殖と保護

オキナグサは一株だけではタネが取れにくいので、異なる株同士で花粉を交配してやります。うまく受粉すると長いめしべの下のほうが少しふくらんでくるので、これが白く乾燥してきたら採種します。種子は、乾燥すると発芽しにくくなるのですぐに取りまきします。

種子には長い毛が付いていますが、風で飛ばされやすいので、少しふくらんだ部分を残して切ります。タネまきは深さ15㎝程度の鉢に桐生砂の細粒を入れてタネをまき、1㎝ほどの土を上にかけてから水をやって湿らせておきます。2週間ほどすると双葉が発芽してきますが、日当たりの良い所で乾燥させないように管理していると1カ月程度で、本葉が3枚出てきます。このころに1本ずつポリポットに移植してやります。このとき緩効性の肥料を土に少し混ぜてやると秋までには株が大きくなり、次の年に花が咲くこともあります。

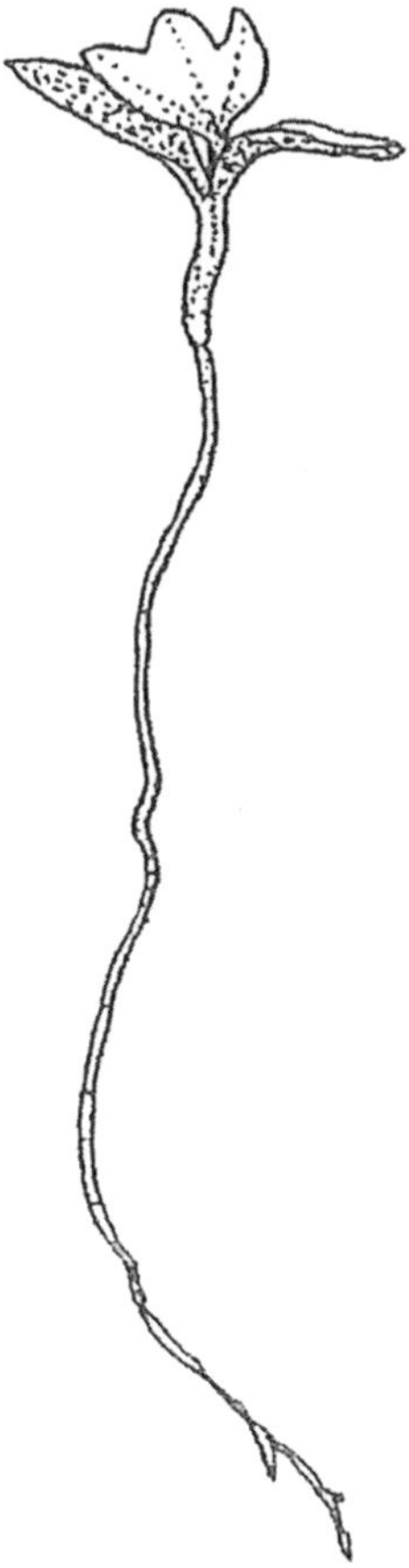

オキナグサの幼苗

オキナグサは毎年根が太くなって開花数も増えていきますが、大きくなりすぎると根が腐って枯れやすいので、毎年長くなった根を整理して植え替えるのが良いと思います。高温多湿には弱いので、夏は風通しの良い場所で育てますが、株は5年程度で枯れてしまいますから、毎年タネが取れたらまいて株を増やしていくことをおすすめします。

最近は、タネまきによって安く苗が販売されるようになったので、観賞目的の採集は減少しています。また各地でタネまきによって多く

オキナグサの花

の株が繁殖され、花が黄白色や八重咲の変わり者も見られるようになってきましたので、もし見つけたら育ててみてください。

オキナグサの根には毒があるため、牛や馬は食べません。放牧が再開されると自生地が復活するかもしれません。また、毎年春に草原を焼くことによって長い間草原が維持され、日当たりの良い場所を好む植物が育つと考えられています。人間の営みと植物の生活は昔から大きく関係しており、自然のまま放置することが自然保護ではないことを理解していただければ幸いです。

4 イグサ田の雑草　オオアブノメ

◆自生地と特性

オオアブノメは、水田や湿地に生育する一年草で、東北地方以南の本州や四国、九州に分布しています。茎は直立して高さ10～20㎝になり、茎の中は空で柔らかく、葉は1～3㎝で、5月ごろ葉のもとに長さ5㎜前後の小さな白い花を1個ずつつけます。

岡山県では南部を中心にしてイグサが広く栽培されていましたが、イグサ栽培は大変な労力が必要になることから近年急速に減少し、現在ほとんど栽培されていません。これに伴ってイグサ田の雑草として生育していたオオアブノメも容易に見られない植物となってしまいました。また全国的にも水田の畑地化や除草剤の普及によって数が減少しています。

オオアブノメの発芽はふつう秋で、冬から春にかけて生育し、夏ま

オオアブノメの花

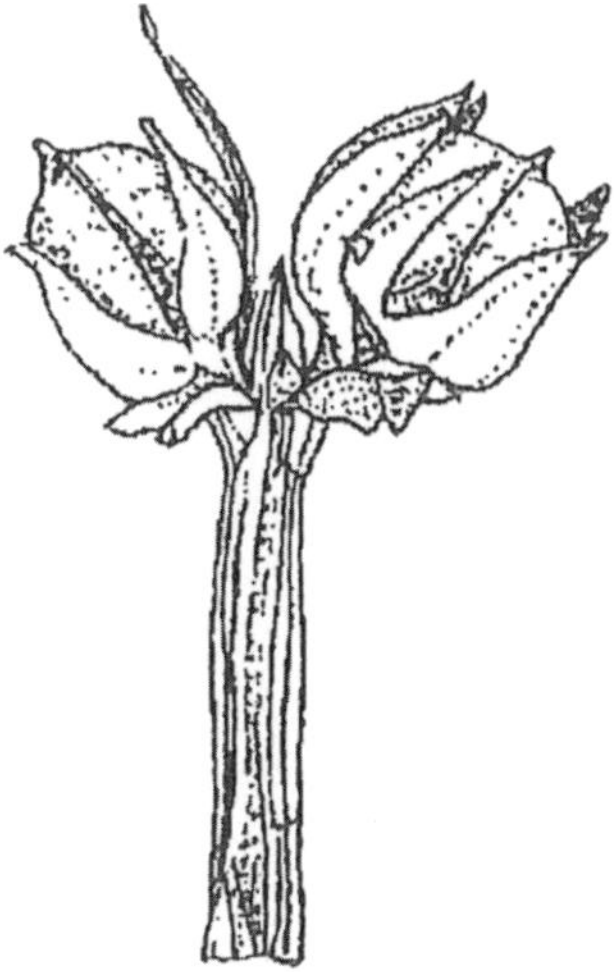

オオアブノメの果実

オオアブノメの種子

でには結実して枯れてしまいますから、この期間に湿った環境を整えてやることが大切です。7月ごろには果実が成熟し、種子が取れますからすぐにまきます。種子は乾燥してしまうと発芽しにくくなりますから注意してください。

◆繁殖と保護

タネまきの方法は、深さ15㎝程度の桶またはスイレン鉢に、よく練った田土を半分入れて水深が5㎝程度になるようにしておき、採取したタネをまきます。夏の間は水切れしないようにしておくと、10月ごろから発芽してきます。冬の間はあまり成長しませんが、3月ごろから急に成長して水上に出てきますから、液肥を少しやっておくと生育が促進されて大きくなり、5月ごろ白い花が咲きます。ただし、開花後株は枯れてしまいますから毎年タネまきをする必要があります。

オオアブノメはイグサの栽培が少なくなった岡山県では見つけるのが大変難しくなっています。しかし、種子は休眠性がつよく、長い間発芽する特性を持っています。そのため、昔イグサ栽培していた場所では栽培を再開することによって復活できるのではないかと考えています。

目立たない植物で、観賞価値もありませんが、イグサ田に適応した雑草として、イグサ栽培とともに残していく必要があるのではないでしょうか。このように、植物の生活は人間の活動と密接に関係しています。ただ、自生地を守るだけでは残せない植物もたくさん有ります。人間にとってはただの雑草かもしれませんが、このような植物があったことを認識して残すことこそ人間の役割ではないでしょうか。ぜひ県内でだれか取り組んでほしいと考えています。

オオアブノメ

5 畑の目立たない雑草　コイヌガラシ

◆自生地と特性

コイヌガラシは、水田や湿った畑などに生える一年草で、中国、朝鮮、ロシアに広く分布し、日本では関東以西の本州から九州に自生しています。植物体全体に毛が無く茎は直立して枝分かれし、高さ10～40㎝になります。開花は春から夏で、葉は羽のように深く裂け、葉のもとに直径3～5㎜の黄色いナタネに似た小さな花を下から上へ次々と咲かせて、9月ごろまで花が見られます。

コイヌガラシは岡山県では人里ちかくに比較的多く見られますが、全国的にみると耕作放棄地の拡大や除草剤の散布によって個体数が減少しており絶滅が心配されています。この植物の種子は、春から秋まで連続して発芽してきますが、開花した株は結実すると枯れてしまいます。果実は先がとがった円柱状で開花後1カ月程度すると結実し、

コイヌガラシ

コイヌガラシの果実▼

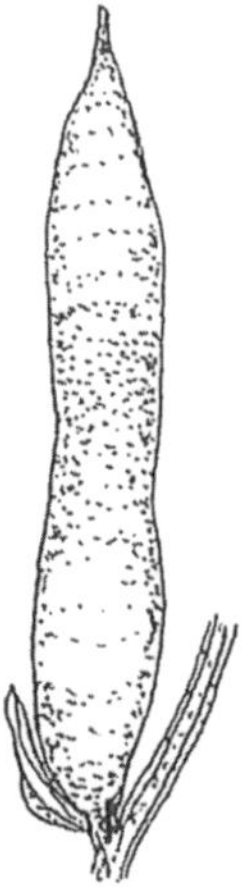

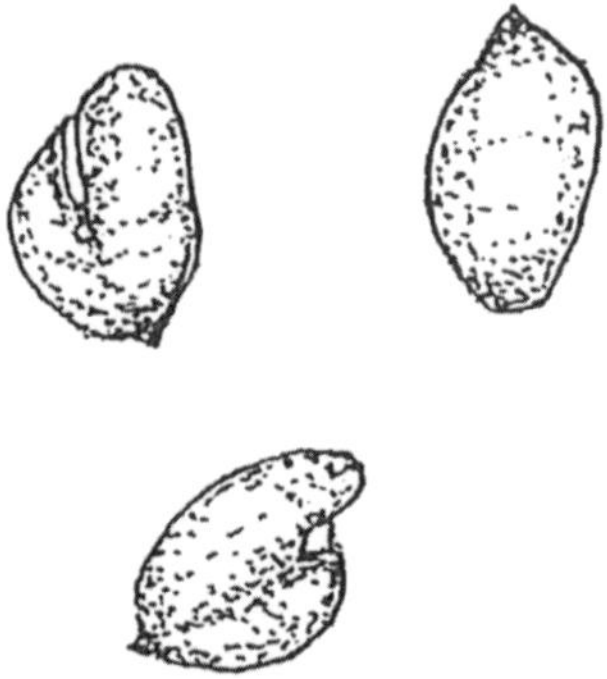

コイヌガラシの種子

卵形の小さな種子を自然に落下させます。

◆繁殖と保護

繁殖は非常に簡単で、種子が成熟して果実が褐色に変わって少し乾燥してきたら種子が飛び散る前に採種します。種子は取りまきするか、乾燥してから冷蔵庫で保存しておき、3月ごろタネまきします。方法は、深さ10㎝程度の平鉢に水はけのよい土を入れてからタネをまき、覆土はせずに十分水をやっておくと2週間程度で発芽してきます。

　発芽してから1カ月程度で本葉が2～3枚出てくるので、小さな株を間引き、日当たりの良い場所で水切れさせないように注意しておくと5月ごろから開花してきます。ほかの雑草が多く発生する場所ではすぐ負けてしまいますが、条件さえよければ鉢の外

コイヌガラシ

に飛び出して自然に数多くの苗を得ることもできます。

コイヌガラシは、イヌガラシに似て小さいことから名前が付けられましたが、種子が多くとれるため、すぐに絶滅してしまう心配は少ないと思われます。しかし、種子の発芽が不定期で休眠することもあるため、年によって発生にむらが出やすい特性を持っています。その上、草丈が低いため農作物に害を及ぼすことは少ないので、雑草と共生するという意識をもって接することが必要になるのではないでしょうか。必要以上に除草剤に頼ることは良くありません。もし見かけたらよく観察してみてください。雑草にも命が有ります。よく見るとキラキラと輝いて美しく見えます。

6 果実やタネの形がユニーク　チョウジソウ

◆自生地と特性

河川は昔から大量の雨水によって流れを変えながら流れていましたが、近年大きな堤防やダムの建設によって河川敷や湿地が少なくなっており、そこに自生していた植物が急速に減少しています。

チョウジソウもそのような植物の一つで、中国、朝鮮と日本の北海道から九州まで広く分布していますが、各地で自生地が減少しています。岡山県でも以前は点々と自生していましたが、最近はほとんど見られなくなり、備前市で見つけられるまでは絶滅したと考えられていました。

花は5~6月に咲きますが、花を横から見た形が「丁」の字に似ていることから名前が付いたといわれています。花の色は藍色で、キョウチクトウに似ており、茎の先に集まって付きます。果実は左右にの

チョウジソウ

びた「つの」の形をしており、この中に円筒形をした種子がきっちりつまっています。この形は大変ユニークでいつも感心します。

◆繁殖と保護

チョウジソウは多年草で、冬も地下茎が残るため、株分けでも増やすことができますが、タネまきで増やすほうが簡単です。果実は開花後1カ月程度で伸長し、秋には成熟しますから、果実が黄色くなったのちに乾燥してきたら採種して冷蔵庫で保存しておき、翌年の3月にタネをまきます。

タネは長さ1㎝程度と野草の中では大きいので、発芽は良く栽培も簡単です。まき方は、深さ15㎝程度の鉢に桐生砂と山土を半々に混合した土を7割入れてタネをまき、タネまき後1㎝程度の土を上からかけて下から水が供給されるようにしておくと、4月には細長い双葉が

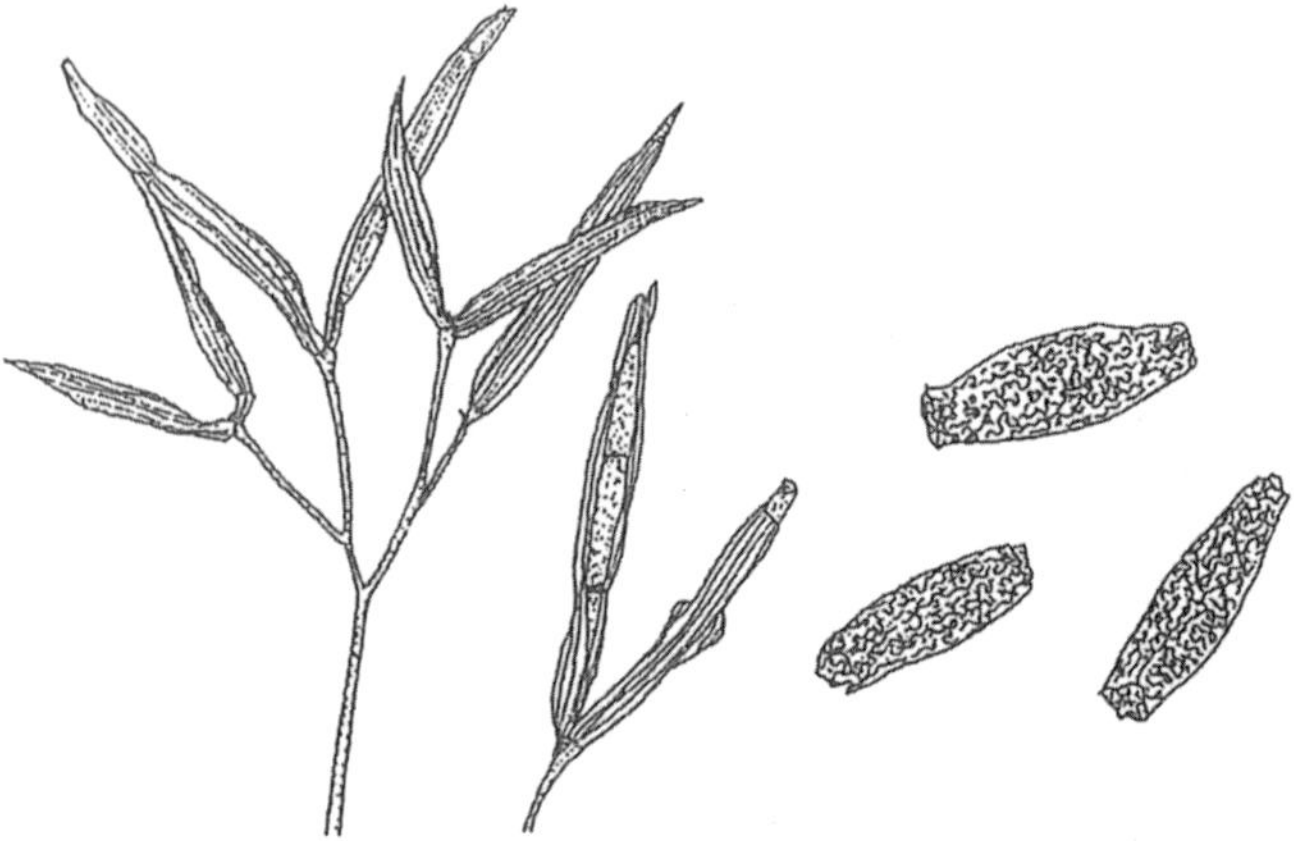

チョウジソウの果実と種子

出てきます。これを日当たりの良い場所で育てると6月には細長い本葉が2、3枚出てくるので、1本ずつポットに移植してやります。この際に元肥を土に少し混ぜ込んでおくと秋には株が大きく成長し、翌年には開花します。

チョウジソウの苗は比較的入手しやすく、種子も数多く得られるので、初心者でもタネまきによって増殖することができます。ただし、キョウチクトウと同様に、アルカロイドという毒が含まれていますから、触った後は手洗いをしてください。

川は洪水がおこらないように、人間の都合の良い形に変わって来ていますが、このことが、そこに生活していた植物の生育を脅かしていることはあまり知られていません。このような人間の活動を止めることはできませんが、洪水が少なくなることによってセイタカアワダチソウやオオキンケイギクなどの帰化植物が、急速に増加しており、今まで生活していた在来の植物を守ることが必要になってきています。そこで今後はこのような植物をタネから増やすことも必要になるのではないかと考えています。チョウジソウは種子が大きく発芽も良いので、もし苗を入手したらタネまきをして保護の手助けをしてください。

7 ヒマラヤから渡ってきた　キブネダイオウ

◆自生地と特性

日本ははるか昔に中国大陸と陸続きになっていた時期があり、中国やヒマラヤに起源をもつ植物が渡ってきたため、今でも残っています。キブネダイオウは、最初に京都市貴船《きぶね》で見つかったことから、この名が付きましたが、最初の発見地では、旅館や民家からの排水によって水質が悪化し、帰化植物のエゾノギシギシが繁茂したため、数が減少しています。しかし、近年岡山県の高梁市にも自生していることがわかりました。

岡山のキブネダイオウは渓流に沿った明るい河川敷に生えており、高さ1ｍを超える大きさになります。5月から6月にかけて白緑色の目立たない花を咲かせ、果実になると、がくが翼状に発達します。こ

キブネダイオウ

の植物は多年草で、冬には葉や茎が枯れてしまいますが、地下には太い根が残っており、春になると葉が出てきます。しかし、繁殖は主として種子で行っており、開花後1カ月程度で実り、成熟すると自然に落ちて水に流され、分布を広げています。

キブネダイオウの果実

◆繁殖と保護

タネまきの方法は、種子が熟して茶褐色に変わり、落下する前に採種して冷蔵庫で保存しておきます。タネまきは翌年の3月に行いますが、深さ15㎝程度の鉢に桐生砂と山砂を半々に混合した土を入れてからタネをまきます。その上に種子が風で飛ばないように1㎝程度の土をかけて、乾燥しないように湿らせておくと2～3週間ほどで発芽してきます。最初は細長い双葉が開きますが、しばらくすると本葉が出てきますので、本葉が2、3枚出る6月ごろにポットへ1本ずつ移植してやります。

このとき、元肥を土に混ぜ込んでおくと生育が早くなりますが、移植せず肥料をやらずに放置するといつまでたっても開花しませんから注意してください。移植した翌年には太い根ができていますので、直径15㎝の鉢にまた移植し土が乾かないようにして日当たりの良い場所で育てるとさらに大きくなります。3年目には高さ50㎝以上に成長し開花して、種子が得られます。

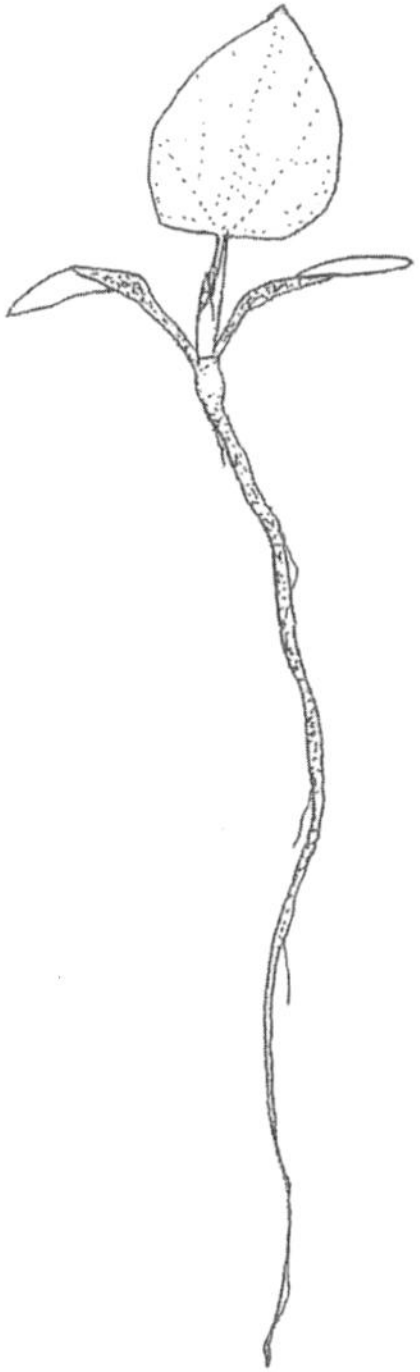

キブネダイオウの苗

岡山県の自生地でも、民家からの排水によって川の水質が悪化しているため、数が減少していますが、それ以上に近年はエゾノギシギシとの交雑が発生して純粋な個体が著しく減少しており、絶滅が心配されています。自生地を守るためにはエゾノギシギシなどを除去していくことが必要ですが、すべて取り除くことは難しいのが現状です。

また、純粋と思われるものも過去に交雑している可能性がありますから、今後は、人工的に繁殖させたものから純粋なものだけを選んで増殖することが必要になってくると思われます。自生地を保護するだけではもう岡山県のキブネダイオウを守ることはできません。

花が美しいわけでもなく栽培する価値もないと思うかもしれませんが、全国的にみると極めて貴重な植物ですから、地元の子供たちや住民の方々にも保護の意識をもっと深めていただいて、後世に残せるよう今のうちから対策をとっていく必要があります。

8 湿原をいろどる貴婦人　オグラセンノウ

◆自生地と特性

オグラセンノウの名は聞き慣れないかもしれません。センノウは中国から渡来した植物で、京都の仙翁寺《せんのうじ》で栽培されていたナデシコの仲間です。このセンノウは現在でもセンノウゲという名で栽培されていますが、これに花が似ていて花の色が小豆（小倉）色をしていることからこの名が付いたといわれています。

オグラセンノウは岡山県を代表するような植物ですが、分布の中心地は朝鮮半島です。かつて日本と朝鮮半島が陸つづきだったころに日本へ渡ってきて、離れ離れになった現在は岡山県のほかは阿蘇周辺にしか残っていません。岡山県でも以前は点々と自生地がありましたが、いまは鯉が窪湿原などの保護地域以外では見ることが難しくなっています。減少の原因は、自生地のある原野の開墾や湿地の開発などですが、花が美しいため観賞用に採取されることもあります。

多年草で地下には白くてやや太った根があり、春に芽を出して高さ50～80㎝になります。7月から8月にかけて茎の先に、直径3㎝程度の先が細かく裂けたナデシコのような花を数個咲かせます。その姿は気品があり、まさに貴婦人のように見えます。

オグラセンノウ

◆繁殖と保護

オグラセンノウはこのように花が美しく人気があるため、現在では各地でタネから繁殖されており、ホームセンターなどでも手に入ります。開花後、円筒形の果実ができて、2カ月程度で種子が成熟し、果

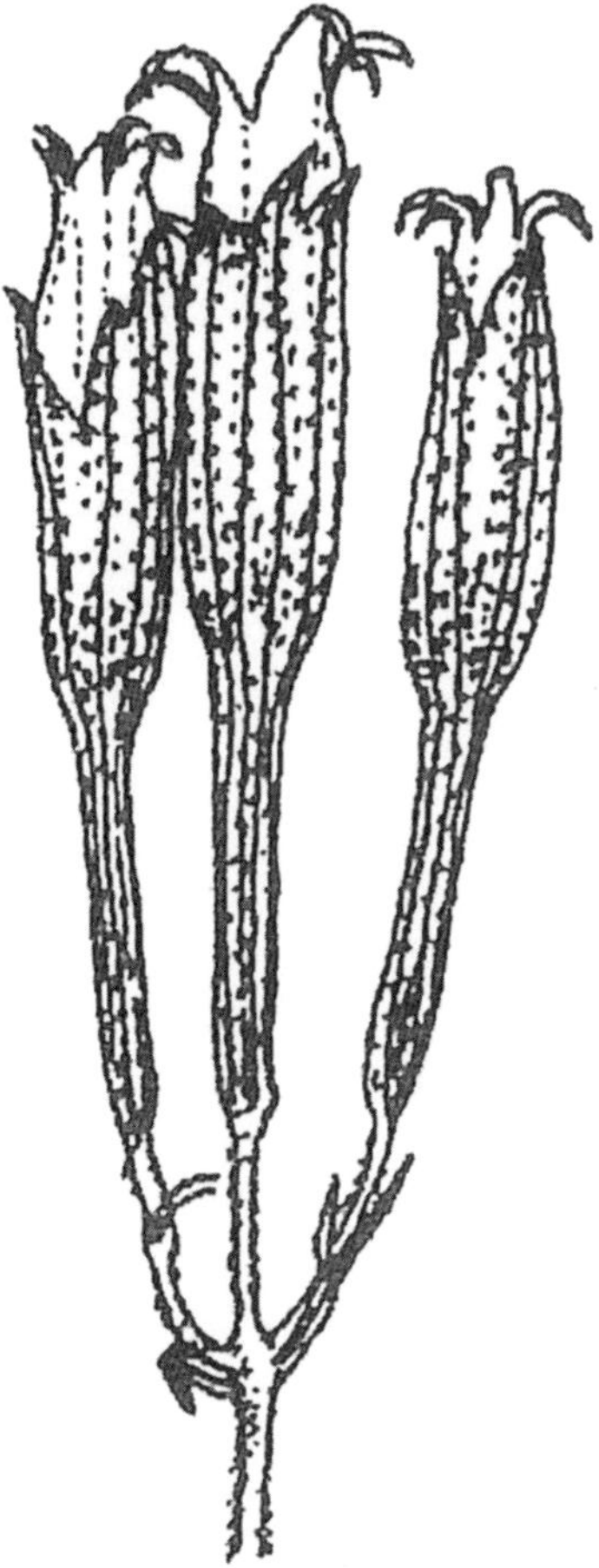

オグラセンノウの果実

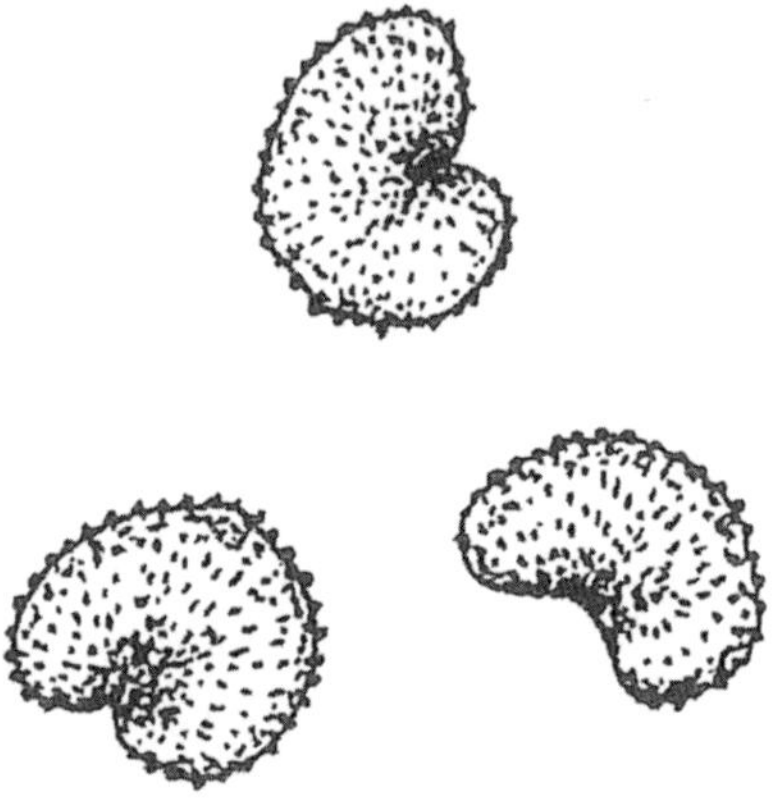

オグラセンノウの種子

実の先が裂けて中からハート型の茶黒色の平たい種子を散布します。

ただし、開花期に虫が来ないと花粉が運ばれにくいので、人工的に受粉してやる必要があります。先におしべが成熟して花の中心から飛び出し、花粉を出します。そのあとめしべが成熟して長く伸びてきますから、成熟しためしべに他の花の花粉を筆で付けてやります。このような性質は、自分の花粉で受粉するのを避けるために行っていると考えられますから、異なった個体の花同士を交配するとたくさんの種子が取れます。

種子は果実が黄色く色づいて先が裂ける前に採種して乾燥させてから冷蔵庫で保存しておき、3月にまきます。深さ10㎝程度の鉢に桐生砂と山砂を半分ずつ混合した土を入れてタネをまき、薄く土をかけて水をやっておきます。4月には芽が出て、7月ごろには細長い本葉が出てきますから1本ずつポットに移植してやります。この際に土に元肥を混ぜておくと次の年から開花してきますが、移植しないと開花までに時間がかかります。オグラセンノウは、土が湿っているのを好み、肥料分さえあれば育てるのは簡単ですし、比較的早く花が見られるので誰でも育てられます。また、梅雨の時期に新芽の先を5㎝程度の長さに切り、桐生砂にさすことによって根が出て増やすこともできます。

しかしアブラムシが付くとウイルスによって株が委縮してくるので、数年に一度はタネから増やすようにしてください。

9 種子がバネで飛び散る　ビッチュウフウロ

◆自生地と特性

ビッチュウフウロは、薬草にもなるゲンノショウコの仲間です。この仲間はフウロ【風露】とも呼ばれますが、この植物は最初に岡山県の備中地域で発見されたことからこの名が付きました。日本だけにある固有種で、東海地方と近畿地方の一部、それに中国地方東部にだけ分布していて、産地は限られています。

山間の湿った草地に自生し、地下に褐色の太った根がある多年草で、春に芽を出して高さ40～70㎝になります。8月から9月にかけて大きさ2㎝程度の小さな桃色の花を次々と咲かせ、横に広がって群生します。岡山県でも以前は川岸の草地や山地の湿った道沿いなどに群落が見られましたが、近年は護岸工事や道路工事などの影響で産地が減少しており、目にすることが少なくなっています。

ビッチュウフウロ

ビッチュウフウロは開花後、めしべが鳥のくちばしのように伸びます。種子が成熟すると、くちばしの上半分がバネのように外に巻き上がって裂け、この時に種子を遠くに飛ばします。種子は長さ2㎜程度のラグビーボールに似た形で、発芽率は比較的良く、自生地では種子で繁殖しています。

◆繁殖と保護

タネまきの方法は簡単で、種

子が黒く色づいて飛ばされる前に採種し、乾燥してから冷蔵庫で保存しておき、3月に深さ10㎝程度の鉢に桐生砂を入れてタネをまきます。その上に薄く土をかけて湿らせておくと4月には芽が出てきます。最初はかいわれ大根のような双葉が開きますが、しばらくすると5つに分かれた本葉が出てきますので、2、3枚出てきた6月ごろに桐生砂と山砂を半分ずつ混合した土を入れたポットへ1本ずつ移植してやり

ビッチュウフウロの果実

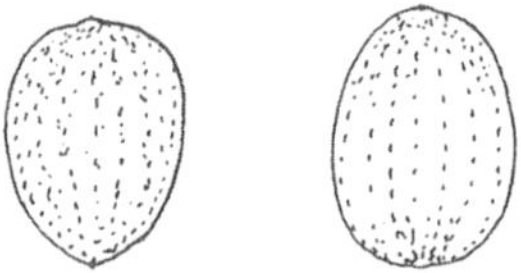

ビッチュウフウロの種子

ます。
移植の際に土に元肥を混入しておくと成長が早く、移植の翌年には

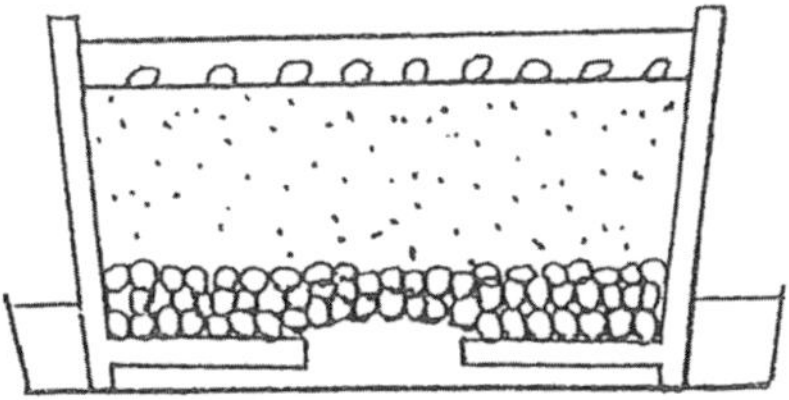

タネまきの方法

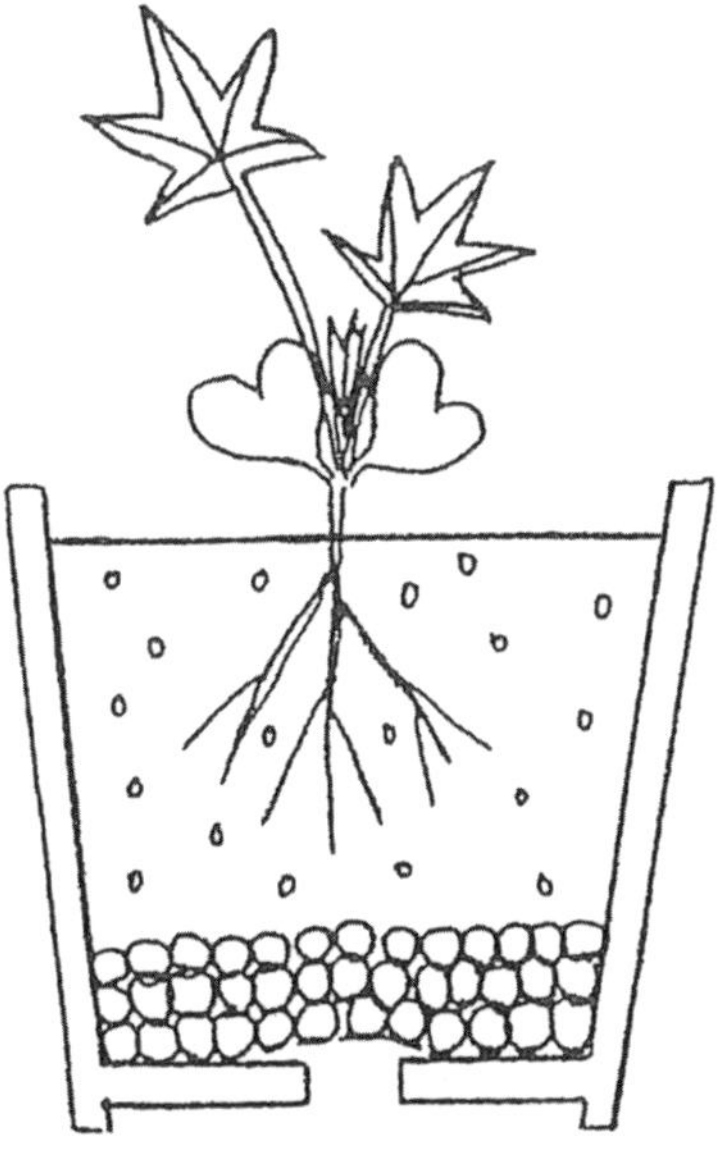

移植方法

開花してきます。ただし、根の成長が活発なため根が鉢いっぱいになって成長が止まりやすいので、毎年植え替えを行うようにします。

ビッチュウフウロの苗や種子は、あまり流通しないため、入手は難しいかもしれませんが、今後自生地に近い学校や地域の人達がタネから育てて増やすことによって保護意識を高めることができれば、道の駅などで苗を安く提供でき、さらに多くの人たちにも知ってもらうことが可能ではないかと考えています。

土が湿って、肥料分さえあれば栽培は易しいのでぜひタネまきによって苗を増やしてほしいと思います。2、3年もすると株は大きくなり、花が咲き乱れる姿を楽しむことができます。

10 インドから渡ってきたツル植物　アオイカズラ

◆自生地と特性

アオイカズラは山地の日陰に生える一年草のツル植物で、ツユクサの仲間です。茎は1～3ｍで木や草にからまって伸びます。葉は卵型のハート形で、長さ5～14㎝、幅3～9㎝で先が細長くとがり、カンアオイの葉に似ていて、ツルになることから和名が付きました。

開花期は8～9月で、葉のわきや茎の先に長い花軸が出て、その先に集まって付きます。花は直径5～8㎜の白色で、花

アオイカズラの花

アオイカズラ

弁は線形で反転して3枚あり、1日でしぼんでしまいます。

インドから東アジアに広く分布しますが、日本では岡山県と広島県の一部でしか見られない珍しいツル植物です。岡山県では西部の石灰岩地帯を中心として自生していますが、どこでも見られる植物ではありません。また、一年草で毎年タネで繁殖しているため年によって発芽数が不安定になりやすいことから産地や個体数が減少しており、絶滅が心配されています。

アオイカズラの果実と種子

果実は長さ8〜11㎜の卵状の楕円形で、先がくちばし状にとがり、3室に分かれてそれぞれ2個の種子ができます。種子は直径3〜4㎜で、角としわがありますが、茶褐色に成熟する秋に落下し、次の年の春に発芽してきます。

◆繁殖と保護

繁殖するためには秋に取りまきするのが忘れにくく良いと思います。10月から11月には果実が黄色に変色してきますから果実を採取してすぐにタネをまきます。タネまきの方法は、深さ10㎝程度の平鉢に桐生砂と赤玉土を半分ずつ混合した土を入れてからタネをまき、かくれる程度に覆土をして十分水をかけて湿らせておきます。乾燥させないように春まで管理していると4月ごろには発芽して5月にはツルが伸びてきます。土に緩効性肥料を少し混ぜておくとどんどん伸長して草にからまり、夏には開花してきます。

花が地味で、ツルになって伸びることから栽培される事は少ないですが、日本では極めて珍しい植物で、岡山県を代表する植物の一つとして必ず残していきたいものです。今後植物園でもぜひ保存していただきたいと考えています。

大変珍しい植物ですが、生えている場所は何でもない道端が多く、誰にも認識されていないことが多くあります。そのため、道路工事などによって知らないうちに絶滅してしまいます。また、一年草のために環境が少し変化しただけで少なくなってしまいます。このような状況になる前に人間が保護意識をもって生育環境を維持する必要があります。守れるのはそこにいる人間だけではないでしょうか。

11 変わった名前の水草　ガガブタ

◆自生地と特性

岡山県は雨が少ないため、水をためておく沼やため池が数多く存在し、そのような場所には貴重な水草が生育しています。しかし、近年これらの生育地は改修や開発などによって失われており、除草剤の使用や水質汚染の影響によっても急速に数が減っています。

ガガブタもこのような植物の一つで、昔は岡山県ではごく普通に見られましたが、最近はほとんど見られなくなってしまいました。ガガブタという名前は、動物のブタとはまったく関係がなく、葉が鏡のふたに似ていることから鏡蓋《かがみぶた》から転じて付いたといわれています。日本のほかに朝鮮や中国から東南アジア、アフリカ、オーストラリアに広く分布していますが、北海道にはありません。

茎は細長くて1～3個の葉を付ける多年草で、葉は長さ7～20㎝の

ガガブタ

ハート型をしておりスイレンに似ています。花期は6～9月で、葉の基に多くの花の束を付けて、日に1～3個の白い花が咲きます。花は約1・5㎝しかないですが、花の内側と花弁のふちには多くの白い毛があります。

個々の花は朝咲いて夕方にはしおれてしまいますから、その間に昆虫などによって受粉が行われると果

ガガブタの花

実ができます。果実はだ円形で3～5㎜あり、種子は長さ0・8㎜と小さく光沢があります。

しかしガガブタには個体によって、めしべがおしべより長い「長花柱花」とめしべがおしべより短い「短花柱花」があり、両方の個体がある自生地でのみ結実します。

そのため、種子がで

きる機会が限られることになり、ガガブタは秋になると葉の基部にバナナのような形をした殖芽《しょくが》という器官を付けて越冬します。これは当初、葉に付いていますが、冬に葉が枯れると水底に沈み、春になると根を張り長い茎を水面に出して葉を付けます。

殖芽を付けたガガブタ

◆繁殖と保護

ガガブタの種子を得るのは難しいので、増殖するためにはバナナ形の殖芽を植えるのが簡単です。春から夏にかけて苗が販売されますからそれを買って、スイレン鉢に植え付けます。鉢は直径20～30㎝のものを使って、田の土を半分入れてから水を一杯にしてよく練って株を植えます。日当たりの良い場所で水切れしないようにしてやると夏には花が咲きます。秋までには葉のもとに芽ができて越冬するので、翌春には植え替えてやると2、3倍に増やすことができます。

ガガブタの栽培は簡単で、容易に増やすことができます。こんなによく増えるのに絶滅が危惧されているのが不思議ですが、それだけ生育環境が悪くなっているのかもしれません。子供達にはぜひ夏にガガブタの開花や繁殖の不思議さを実感してもらえれば幸いです。その観察が自然保護への思いを深めることにつながるのではないでしょうか。

12 岡山では水田の雑草　ヒメシロアサザ

◆自生地と特性

岡山県は古くから干拓が盛んに行われ、南部には広い水田が広がっています。ここには、オオアブノメやコキクモなど他ではあまり見ることができない貴重な水田雑草が自生しています。ヒメシロアサザもそのような植物の一つで、黄色い花の咲くアサザに似ているものの花が白く小さいためにこの名が付きました。

もともと日本では関東地方から西の本州と九州に自生していましたが、除草剤の普及や水質汚染のために全国的に個体数が減少しており、絶滅が心配されています。岡山県でも以前に比べると数は著しく減っていますが、国の減反政策によってコメを作付けしなくなった水田にはまだ少し残っています。

姿はガガブタによく似ていますが、花の内側には毛がなく、バナナのような殖芽を付けないことで区別できます。沖縄では多年草として扱われていますが、岡山では越冬しないため毎年タネから繁殖しており一年草とされています。初夏に細長い茎から数本の葉を水面に伸ばし、2～5㎝程度のハート型をした浮葉を広げます。花は葉の基部に束になって付き、8月ごろにガガブタより小さい直径8㎜ほどの白い花を咲かせます。

ヒメシロアサザ

ヒメシロアサザの花

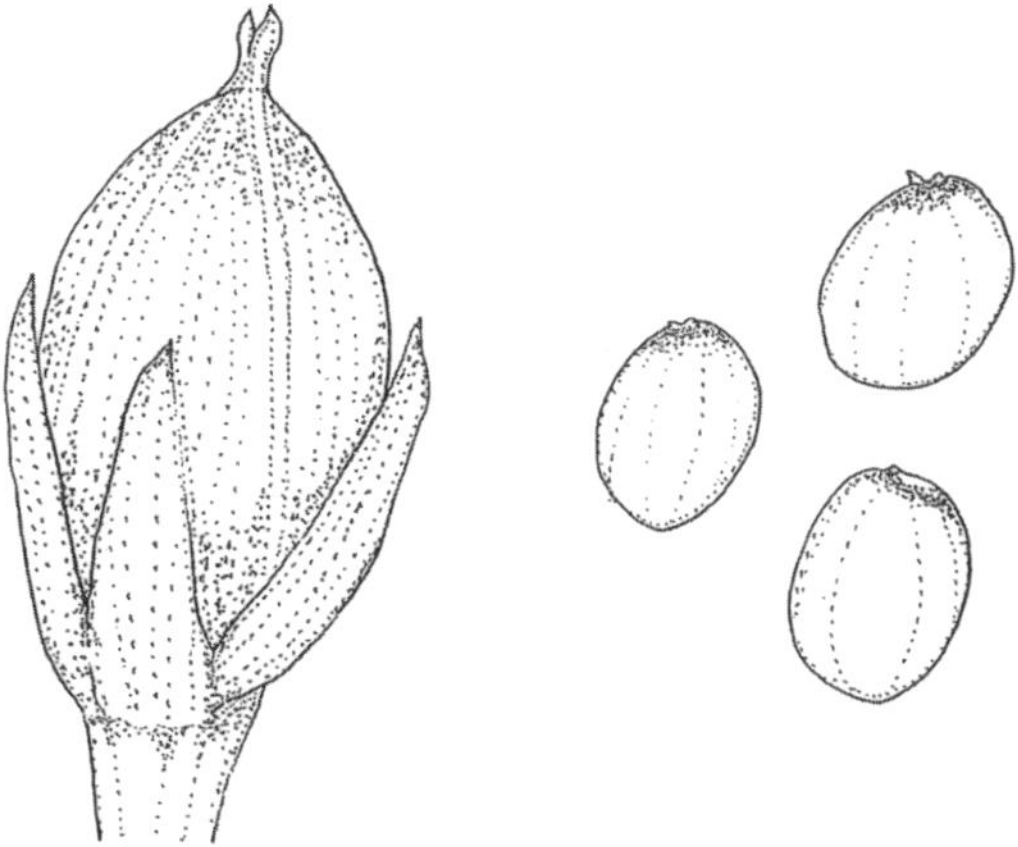

ヒメシロアサザの果実と種子

ヒメシロアサザはガガブタとは異なり自分の花粉でも受精するため、開花後２カ月で楕円形をした果実ができ、１㎜以下の種子を10個以上結実させます。そして、秋には果実が割れて種子が水に浮いて遠くに広がり増えていきます。しかし、果実や種子が販売されることは少ないので、最初は自生地から苗を採集して育てる必要があります。

◆繁殖と保護

今のところ岡山では水田の雑草として困っている例が多いので、持ち主の農家に了承を得てから夏に数株を採集します。これを乾燥しないように持ち帰ってすぐに水に浮かべておきます。植え付けは、深さ20〜30㎝のスイレン鉢に半分ほどの田土を入れて、水を一杯にしてから土をよく練って水をためておき、これに苗を植えます。日当たりの良い場所で管理すると８月ごろから花が開花し、その後に果実が実ります。秋には葉が枯れてしまいますが、そのまま越冬させ、翌年の春に水をためて表面の土をかき回してから落ち着かせます。水が深さ3～5㎝になるように管理してやると初夏に小さな丸い葉が出てきます。

ヒメシロアサザの栽培は簡単ですが一年草のため、年によって発芽が不安定となりやすい問題があります。そのため、特定の場所を保護するというよりも生育可能な環境を広く残すことが重要です。しかし、今後水質がさらに悪化すると保護していく必要が出てくるかもしれません。岡山では雑草として扱われていますが、全国的にみると貴重な植物なので、岡山の農家の人達にも除草剤で枯らすのではなく、人間と共存できるように保護意識をもっと高めてもらえるよう、さらにアピールしていくことが必要だと感じています。近年岡山県南部では住宅建設のため、宅地造成が進んでおり、自生地が急速に減少しています。早期に保護活動を始めないと岡山県でも絶滅する可能性があります。

13 水田の雑草シダ　サンショウモ

◆自生地と特性

サンショウモは、水田や池、水路などに浮遊する一年草のシダ植物です。ヨーロッパからアフリカ、東アジアまで広く分布しており、日本では本州、四国から九州の低地に広く見られます。

茎は長さ5～15㎝になり、浮葉は細長いだ円形で対生してついて、サンショウの葉に似ていることからこの名が付きました。水中葉は細かく枝分かれして根に似た形と機能を持っています。

日本では、この植物を見ることは極めて難しくなってしまいましたが、かつてはごく普通の水生雑

草で数多く見られました。岡山県でも、除草剤の普及や水質汚染によって激減し、山間のため池や休耕田でしか見られなくなっています。

サンショウモはシダの仲間なので種子はできませんが、秋に水中葉の基部に胞子のうが集まって付き、冬に葉が枯れてしまうと水中に浮遊

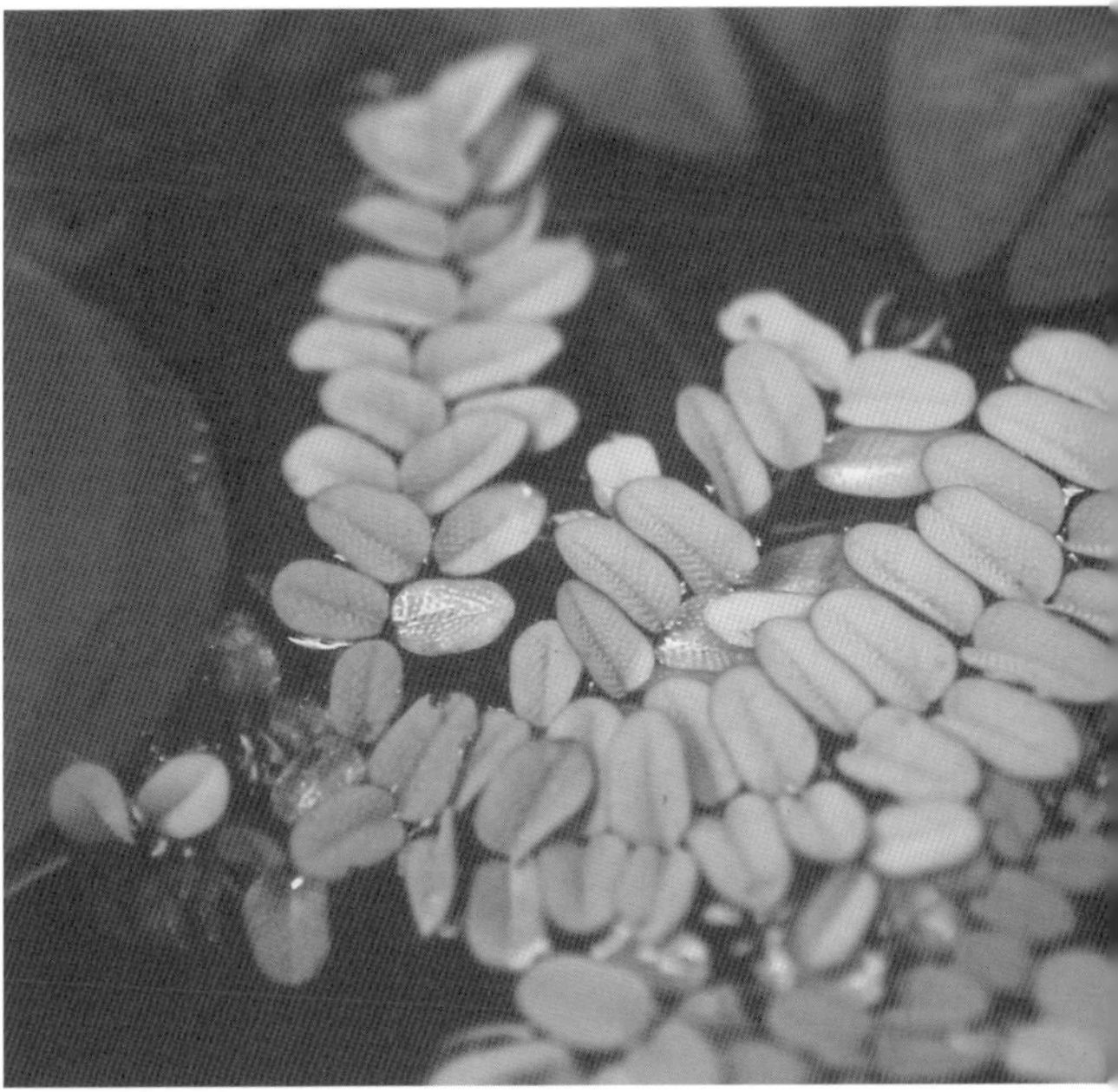

サンショウモ

します。そして暖かくなる4月ごろにこれが割れて中から胞子が飛び出し、水上に浮いて広がります。

◆繁殖と保護

繁殖は、夏に小葉を3対程度つけて茎を切り分けて水上に浮かべておくと栄養繁殖して、秋には水面を覆うようになり胞子のうをつけます。胞子のうに入った胞子は外に飛び出て発芽し、5月ごろにはハート型の葉を持った幼植物（前葉体）になりますから、これを深さ15㎝程度の桶やスイレン鉢の底に田土を5㎝程度入れてから、水に浮かべておくと6月には葉の数が増加して親に似た形となります。

サンショウモが繁殖すると水面を覆い、水面下に日光が当たりにくくなりますから雑草が生えなくなります。また、水中葉からは忌避物質をだすため、生えていた植物も弱ってしまうので注意が必要です。

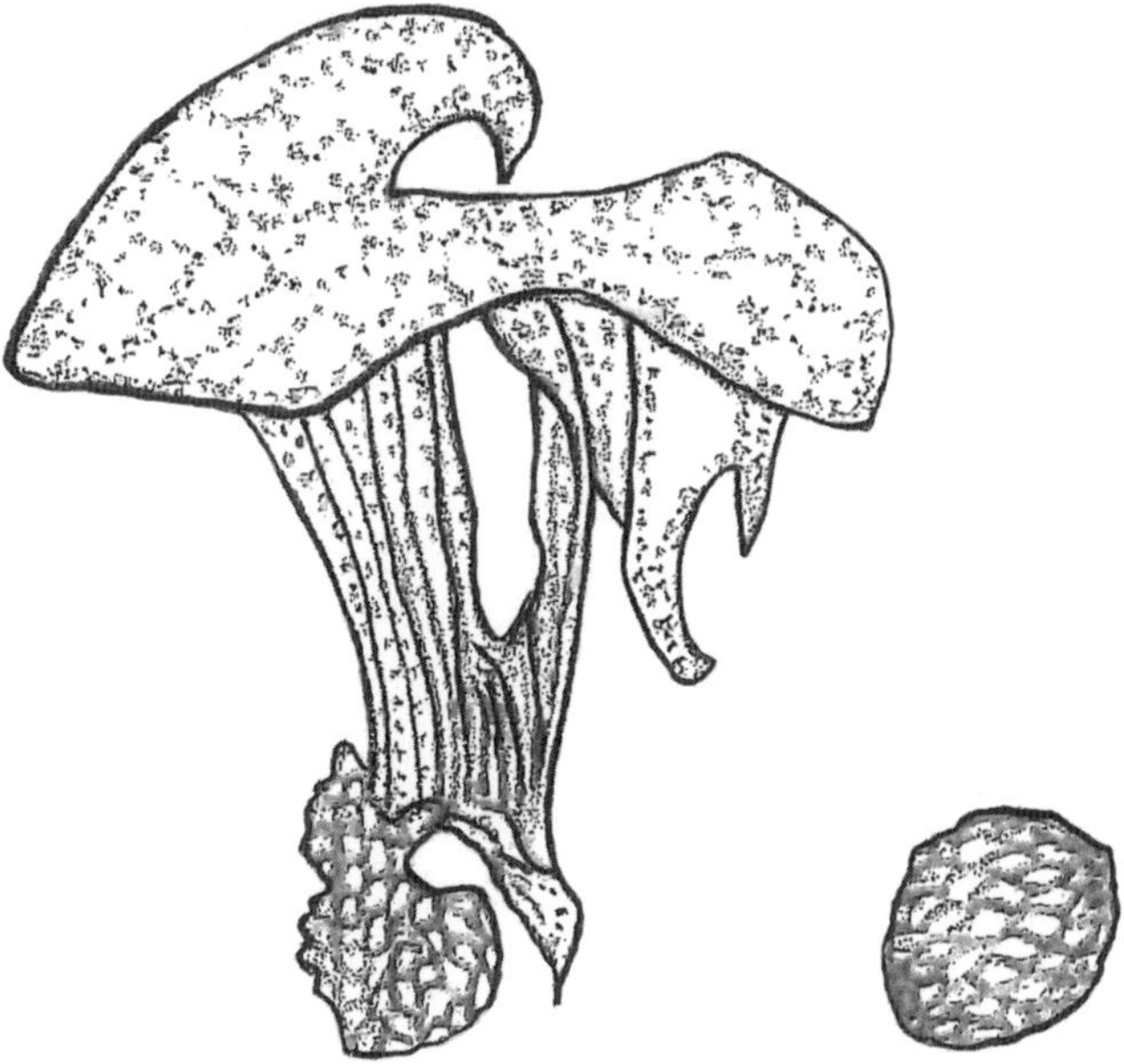

サンショウモの胞子と幼植物(前葉体)

しかし、この特性をいかして水田では除草剤の代わりに利用して無農薬栽培ができるかもしれません。安全な食糧が生産できたうえにかつて普通に見られた風景が再現出来たらこの上ないことです。

ただし、最近はサンショウモより大きくなるオオサンショウモが急速に野生化しており各地で問題となっています。こちらは外国から導入された仲間で、繁殖力が強く、従来あったサンショウモの脅威となっていますので、池や水路に放流しないようにしてください。

14 植物なのにタコ　タコノアシ

◆自生地と特性

タコノアシという変わった名前の植物を知っていますか。この名前は植物の形をよくとらえていて、茎の先から伸びた枝に多くの花が並び、ちょうどタコがひっくり返って吸盤の付いた足を広げているように見えることからこの名が付きました。

この植物は、中国から朝鮮半島と日本の本州、四国、九州に広く分布する多年草です。高さは30～80㎝で、7月から9月にかけて黄緑色の小さな花を咲かせます。これが結実するとタコの吸盤のようになります。

タコノアシは水位の変化がある低湿地を好み、岡山県でも以前は湿地や河川敷などで普通に見られましたが、低湿地の開発や護岸工事などの影響で著しく減少しており、見ることが難しくなっています。また、

タコノアシ

川の氾濫《はんらん》や田おこしなどの土地のかく乱は外来植物の除去と土砂の供給という点で必要不可欠なもので、同様の理由からフジバカマやサクラソウなどの植物も絶滅が心配されています。

繁殖はふつう根元から横にひこばえを出して増えますが、主に種子

タコノアシの果実

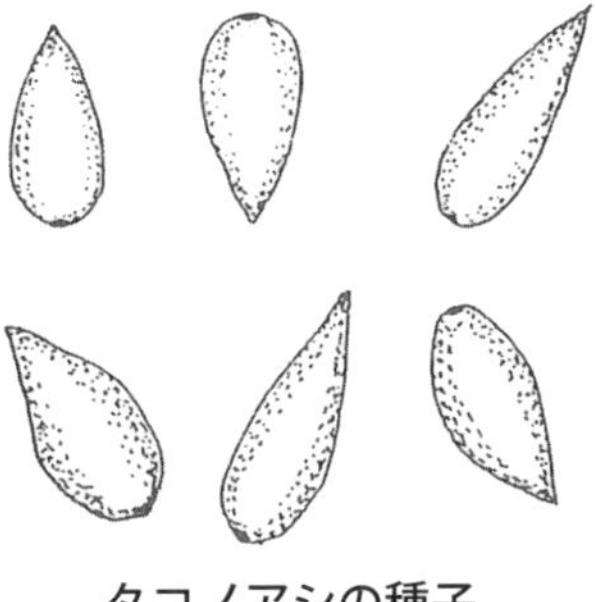

タコノアシの種子

で繁殖しています。種子が成熟すると果実の先が帽子のようにはずれ、けし粒よりさらに小さな多くの種子を風で飛ばして分布を広げています。

◆繁殖と保護

タネまきすると発芽率は良く、肥料をやると1年目に花が咲きます。タネまきの方法は、3月ごろ深さ10㎝ほどの発泡スチロールのトロ箱に80％ぐらい川砂を入れて、その上に水苔を薄く敷いてから種子をまき、水が流れ出ない程度にかん水して湿らせておくと4月ごろ

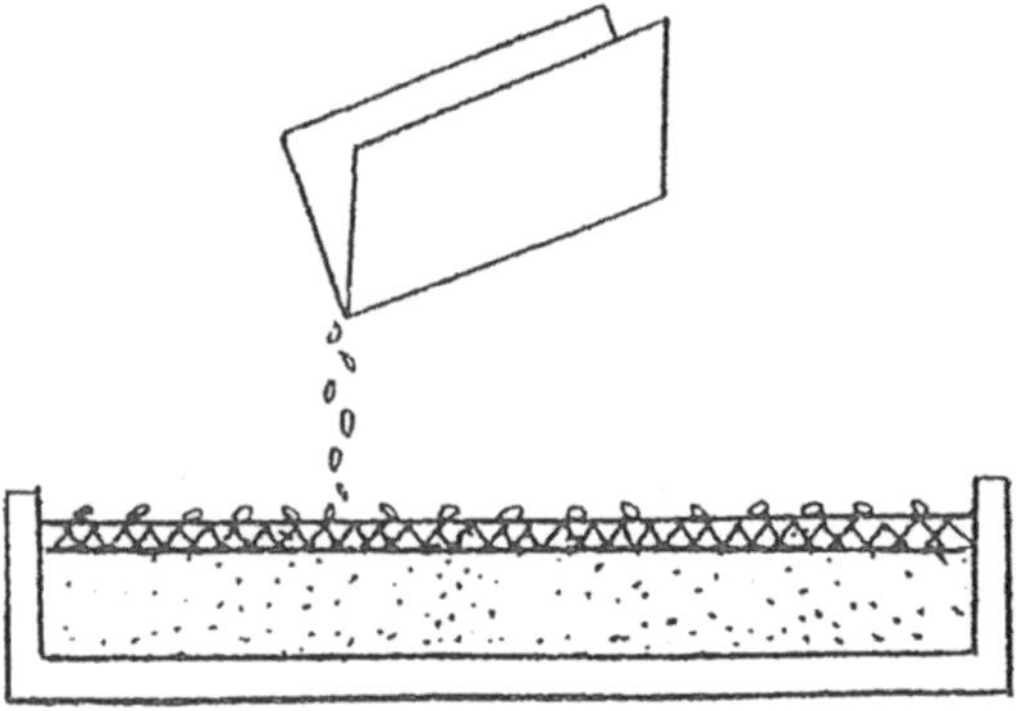

タネまきの方法

には発芽してきます。発芽率が良いので、種子は少なめにまき、川砂の中に元肥を入れておくと、どんどん成長して草丈が伸び、生育の良いものは9月ごろから開花します。

タコノアシは肥よくな湿った土地があれば、タネから簡単に増やすことができます。世話をするのが面倒な場合は、雨が降ると水たまりができるような日当たりの良い場所に直接タネをまいておくと勝手に生えて花を咲かせ、増えていきます。ただし、2~3年すると株が弱って枯れますから、タネまきは欠かさないように行ってください。

野草は野生の状態で繁殖するのが最も望ましいと思いますが、開発が進んでしまうとそれは難しくなってしまいます。すべての植物を救うことは難しいかもしれませんが、人工的に増やしていくことも必要になります。タネまきという小さなことでも、行動を起こしてほしいと思います。タコノアシはその良い材料になると考えます。

15 岡山では絶滅してしまった　ヒシモドキ

◆自生地と特性

岡山県南部には広い平野があり、水田が広がっています。ここには水路やため池が多く、貴重な水草が数多く自生していました。ヒシモドキもそのような植物の一つで、もともと中国大陸から朝鮮半島と日本の本州、四国、九州に分布していましたが、ため池の改修や埋め立てと水質汚染の影響によって全国的にきわめて珍しい植物となっています。岡山県でも、以前は百間川に自生していたようですが、今はどこにも見つからず絶滅したと考えられています。

ヒシモドキは葉が水面に浮く一年草で茎は長く横に伸び、ハート形の葉がヒシに似ていることからこの名が付きました。開花期は7～9月で、葉の付け根に開花しない閉鎖花を付けます。そして生育状態が良く、茎がよく伸びると8月に桃色で美しい開放花を咲かせます。開

ヒシモドキ

放花は、朝の2時間程度しか開花しないため、結実することは少ないですが、閉鎖花は自分の花粉で受粉するため結実しやすく数も多いため、1年で数百倍にも増えていきます。

果実は、細長くて5本の長い突起がある変わった形をしており、これがヒシに似ていることから和名が付きましたが、葉や茎が枯れた冬にも水中に残ります。そして暖かくなる4月には根を出し、やがてこれが水底の土に潜って活着

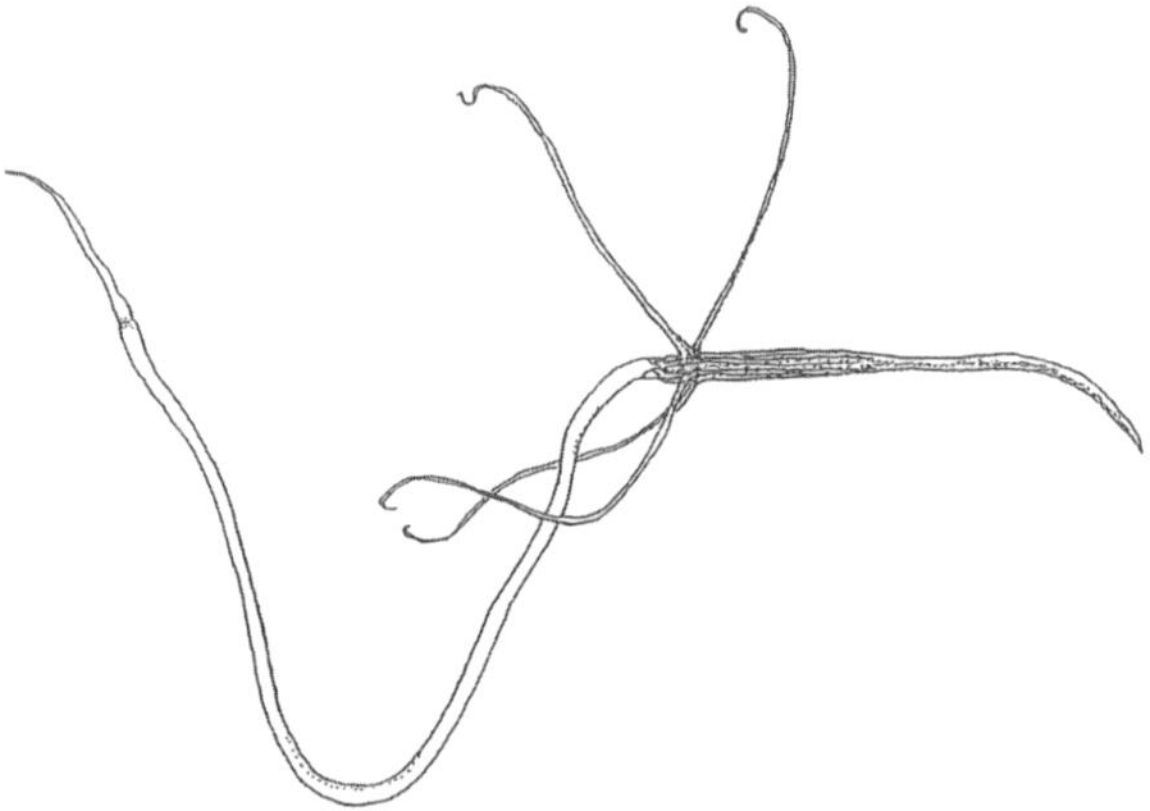

ヒシモドキの果実と発芽

すると細長い双葉を開きます。その後、ハート形の本葉が出て、茎が伸長し水面に浮いてくると次々に枝分かれして広がっていきます。

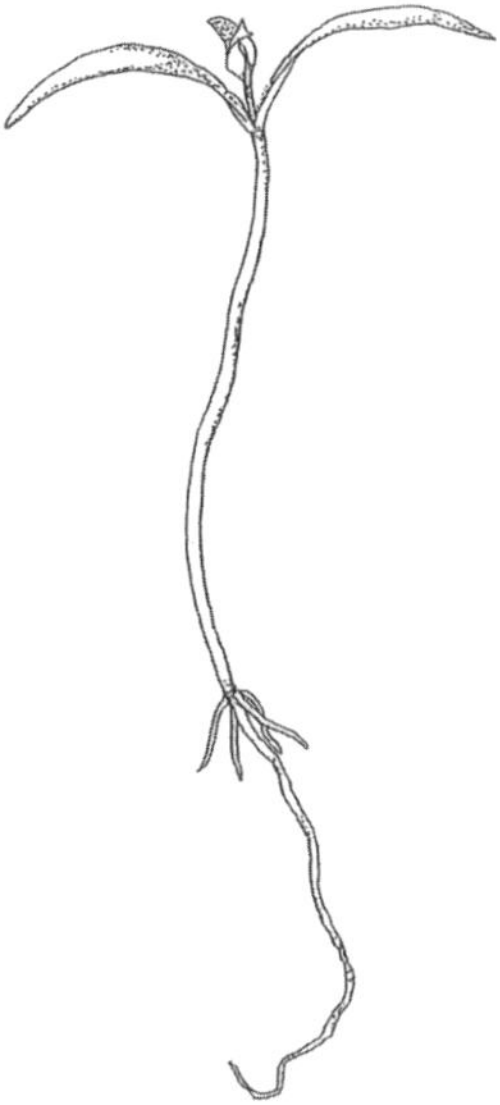

ヒシモドキの幼苗

◆繁殖と保護

ヒシモドキは閉鎖花が多くて結実しやすいため、繁殖は簡単です。しかし、茎の先に開放花をつけるため、美しい花を見るためには広い水面のあるため池が適しています。また、深さが20～30㎝で底が土でないといけませんから、ビオトープでも栽培が可能です。流れのある場所は好みませんが、日当たりが良ければ水質にあまり注意する必要

はありませんから、学校などでも育ててみてください。しかし、除草剤には弱いので、水田から水が入る場所では栽培できません。

このように栽培が簡単で、増殖しやすい植物がどうして絶滅してしまうのか不思議に思うかもしれませんが、人間が自分たちの都合の良いように環境を変えてきたことが、生育可能な環境をなくしてきた原因なのではないかと考えています。

そのため、ヒシモドキを守るためには生育に適した水辺環境を広く残すことが重要になってきます。また、除草剤などによる水質汚染にも注意し、植物たちと共存できる社会を作ることが大切です。何の役にも立たない植物が人間の生き方に警報を発しているように思えてなりません。そのような意味でヒシモドキを栽培することは、目立たない水辺の植物の観察から、もう一度環境を見直すきっかけになると私は信じています。

16 激レアな植物　ヤチシャジン

◆自生地と保護

ヒシモドキと同じように岡山県から絶滅したと考えられているのがヤチシャジンです。シャジンはキキョウの仲間ですが、主に湿った谷地に自生することからこの名が付きました。もともとは中国や朝鮮半島に分布の中心をもち、日本ではまれな植物ですが、最初に岡山県の新見市で発見されました。

しかし、耕地整理や道路工事などの影響でどこの産地も絶滅または絶滅寸前となっており、岡山県でも近年自生が確認されていません。現在確認されているのは広島県だけとなっているため、日本ではかなり貴重な植物といえます。

ヤチシャジンは多年草で、茎は直立して高さ50〜80㎝になり、7月から8月に2㎝余りの淡い紫色をした釣り鐘形の花を茎の先に付けます。また、種子は扁平な卵形で、成熟すると果実が裂けて自然に落ちてしまいます。

ヤチシャジン

◆繁殖と保護

タネまきの方法は、果実が成熟する11月ごろに種子を採取して冷蔵庫で保存しておき、3月に深さ10㎝程度の鉢に桐生砂と赤玉土を半分ずつ混合した土を入れた上にタネをまきます。覆土はせずに、水をやって湿らせておくと5月までには発芽してきますから、日当たりの良い場所で乾燥しないように育てると3年目には開花します。しかし、暖地では結実が悪く、発芽も良くありませんから、開花期に別個体の花

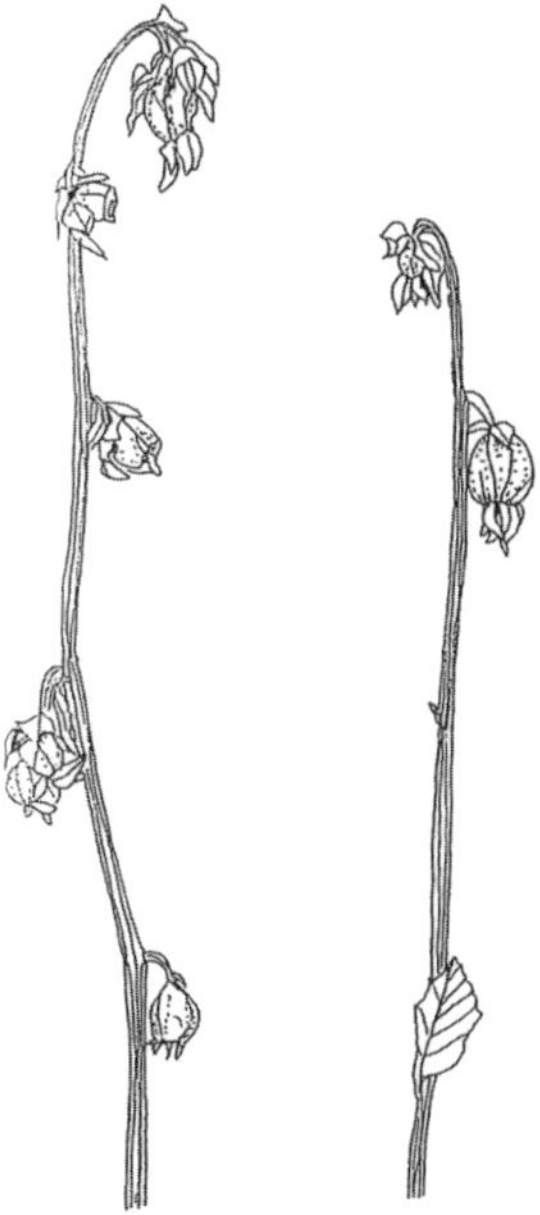

ヤチシャジンの果実

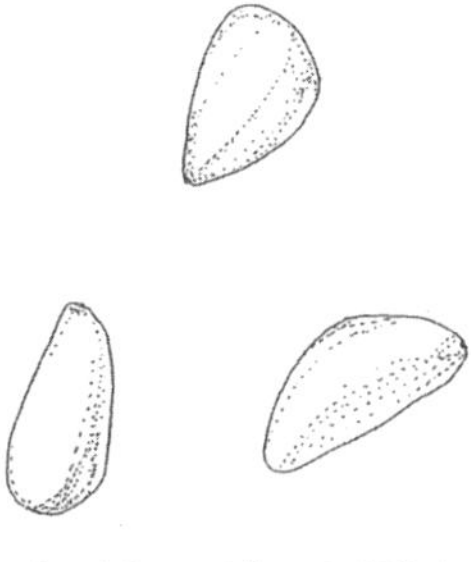

ヤチシャジンの種子

から花粉をとってめしべの先に受粉する必要があります。また、栄養繁殖で増やした株同士では種子ができません。

また、ヤチシャジンの根は太くて、先にサツマイモのような細長い根茎を付け、これで繁殖します。これを芽が出る前の2月に掘り起こし、白い芽の付いた方を上にして深さ15㎝程度の鉢に移植して、湿らせておくと4月には芽が出てきます。日当たりの良い場所で乾燥しないようにして育てると翌年以降に開花させることができます。ただし、芽が出てから移植すると脱水して枯れてしまいますから、注意してください。

ヤチシャジンの根茎と不定芽

根茎は年ごとに太って大きくなりますが、大きくなりすぎると冬に突然枯れてしまうことがありますから、毎年植え替えをして根の先に付いた根茎を取りはずし、移植するようにしてください。

ヤチシャジンは自生地が急速に減少しており、このまま放置すると日本から絶滅する可能性が高いと思われます。自生地保護はもちろんですが、早期に人工的な繁殖にも取り組むべきです。栄養繁殖で簡単に増やすことはできますが、クローン個体になるため、遺伝的に多様な個体を残すためには、タネから増やすことも重要です。また、産地によって茎の色や開花期が異なっていますから、できるだけ多くの自生地にある個体について保存していく必要があります。このような取り組みを大学や植物園だけですることはできません。多くの一般の人達が取り組むことによってはじめて成しとげられると考えていますので、ぜひ増殖に取り組んでみてください。

17 古代からの生き残り　オニバス

◆自生地と特性

岡山県は全国的にみて雨が少ないため、晴れの国とも呼ばれていますが、コメをつくるための水を確保するために数多くの沼やため池が点在しています。そこには多様な水草が昔から生育しています。

オニバスもそのような植物の一つで、古代から姿を変えずに生き続けています。もともとはインド、中国、台湾と日本の東北地方から九州までの平地に広く分布していましたが、沼の埋め立てや水質の悪化の影響で次々と姿を消して絶滅が心配されており、天然記念物に指定されているところもあります。岡山県でも以前は各地のため池で見られ、岡山城の堀にも大発生したことがありましたが、近年はほとんど見られなくなっています。

これは、オニバスが普通のハスとは違って毎年種子から生育する一年草のため、生育条件が悪いと発芽しなかったりして、数が不安定になりやすいことが原因と考えられます。

葉の形はスイレンに似ていますが、全体に鋭いとげが付いており、鬼の角のように見えることから和名が付きました。浮き葉は円形で大きくなると直径1～2ｍにもなり、8月から9月ごろに4㎝程度の赤紫色の小さな花を水面に出して開花します。

オニバスは毎年種子が発芽して

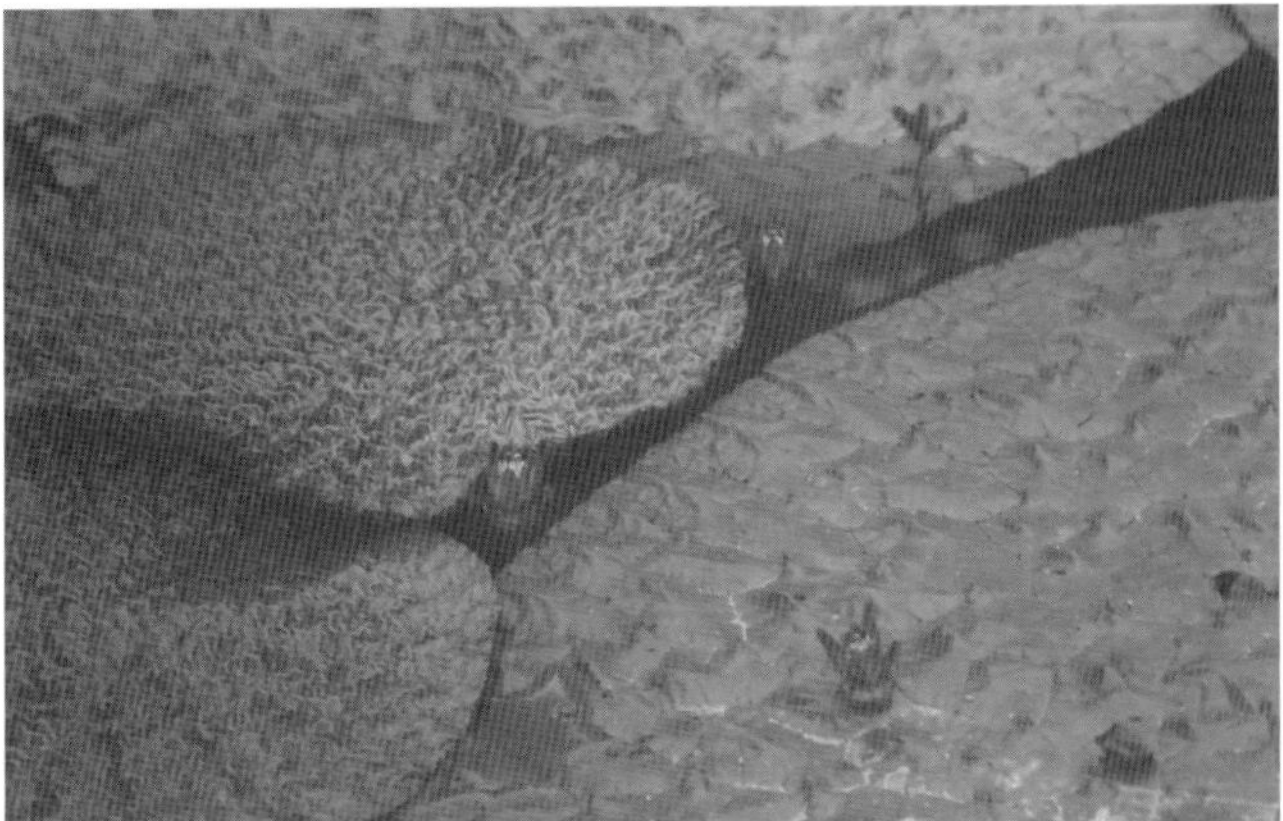

オニバス

生育し冬には枯れてしまいますが、確実に種子を確保するため、結実は主に水中にできる閉鎖花というもので行われます。これは普通の花とは異なって開花せず自分の花粉で受精するため、ほぼ親と同じ性質の種子ができますが、生育環境の変化には適応できなくなる可能性があります。また、種子は発芽が不安定で、種子に酸素が供給される条件が良い年だけに発生して、発芽に適した条件が整うまで休眠しており、数十年は生存可能と考えられています。

果実は水中にできて種子は10月ごろに成熟し、はじめは水に浮いて広がっていきます。種子は球形で、タネの外側にスポンジ状の衣がありますが、10日程度すると浸水してタネは水中に沈み、発芽のために休眠します。このような生態を見ると分布を広げるためのシステムとはいえ自然の不思議さを感じざるを得ません。

◆繁殖と保護

育て方は、３月にオニバスの生育していた池や沼の底から直径１㎝あまりの種子を採集し、深さ30㎝以上で直径50㎝程度のスイレン鉢に田土を10㎝ほど入れて水をためておき、タネをまきます。５月ごろには発芽し始め、丸い浮き葉が出てきますので１株にしてやります。

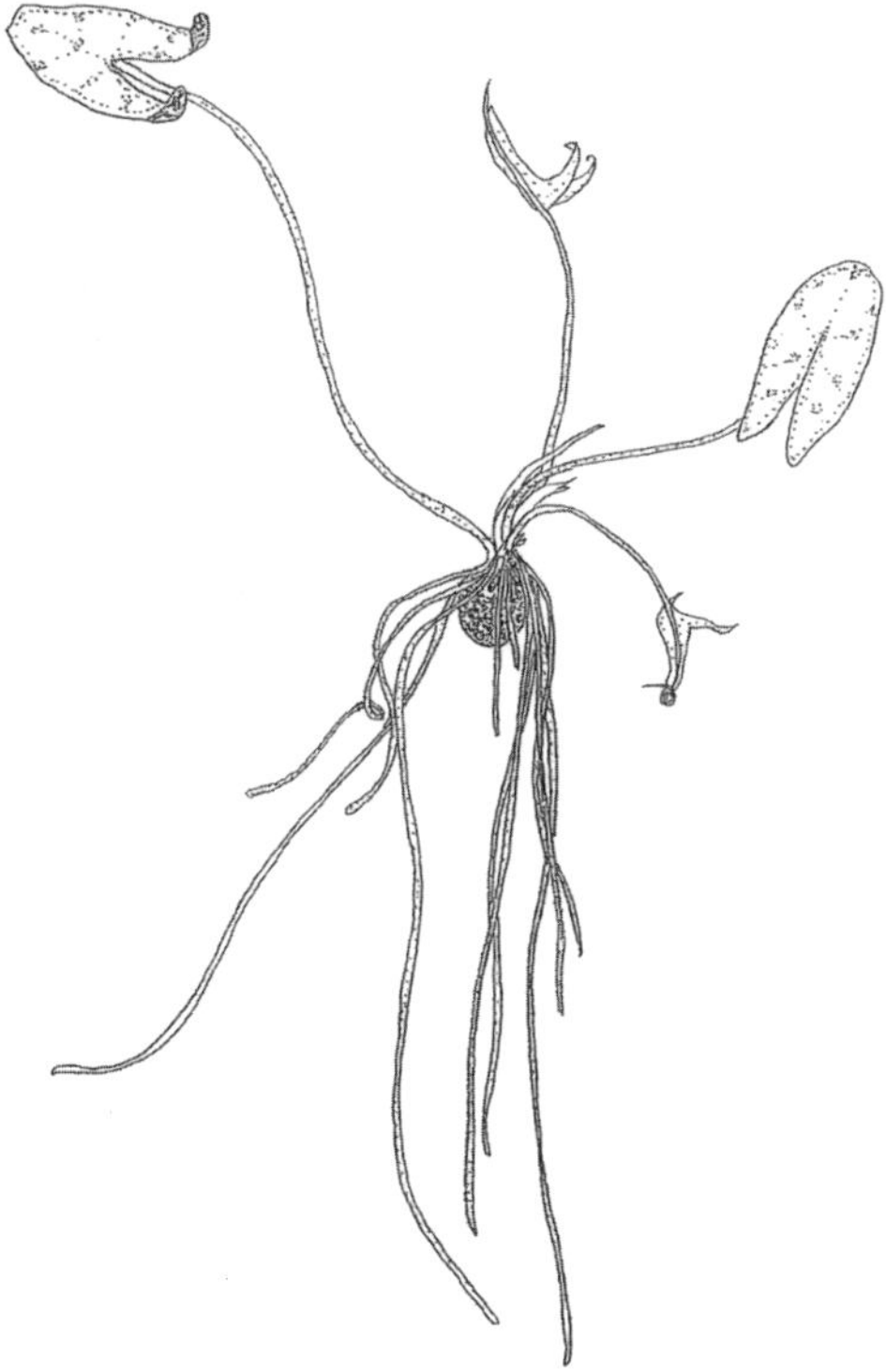
オニバスの幼苗

日当たりの良い場所で水切れしないようにしてやると夏には鉢いっぱいに葉が広がり、花が2、3個見られます。生育する鉢が小さいと、オニバスは環境に適応して葉も小さくなってしまい、開花しませんので注意してください。もし、池やビオトープがあれば、鉢よりも生育が旺盛になって花も咲きやすいですが、深さが50㎝以上あると水温が低く、酸素も少ないためか発芽しにくくなります。岡山市の百間川では以前自生していたことから保護活動をしていますが、発芽が不安定です。オニバスは発芽の際に酸素が不足すると発芽しません。そのため浅い池で育てたり、冬に水を抜いて底土に酸素を吸入させることで発芽が安定しますから、このような池が繁殖に適しています。種子の寿命が長く、今は絶滅している池や沼にも古い種子が残っていれば再度復活するかもしれませんから望みを捨てずに保護活動をする必要が有ります。

18 古くからなじみ深い秋の七草　キキョウ

◆自生地と特性

キキョウは秋の七草として古くから親しまれてきた植物で、根を乾燥したものは漢方薬としても利用されています。また、花が美しいため、切り花や鉢花として花屋で売られていますが、昔は身近な里山で普通に見られる植物でした。

もともとは東アジアに広く分布し、日当たりの良い場所を好むため、日本では沖縄を除く全国の草原や田畑のあぜ、カヤ場など人の手によって草刈りが行われる場所で多く見られました。しかし、近年は肥料や家畜の飼料として草を刈り取ることが少なくなり、生育地の草原が消えてしまったため、各地で絶滅が心配されています。岡山県でも以前はどこの里山でも普通に見られましたが、最近は生育地が激減し、見ることが難しくなっています。

野生のキキョウは高さ1m近くになり、花は8月ごろ咲きます。花の大きさは5㎝程度でふつう青紫色ですが白いものもあります。この花はおしべが先に成熟し、開花から2~3日後にめしべが成熟します。

キキョウ

これは自分の花粉を受粉させせないしくみで、普通はハチなどの昆虫によって受粉します。受粉が成功すると2㎝前後の果実が実り、中に150個程度の種子が入っています。

◆繁殖と保護

開花から2～3カ月で果実は成熟して自然に種子を外に出しますから、果実が褐色に変わったころに採種します。種子は約0・5㎜の大きさで最初は茶色をしていますが、乾燥すると黒く変色します。このタネが発芽するためには低温にあう必要があるため、タネはまくまで冷凍庫で保存しておきます。タネまきは翌年の3月に行いますが、冷凍庫で保存している種子は5年以上発芽する能力をもっていますから、数年間に分けてタネまきすることも可能です。

タネのまき方は、深さ15㎝程度の鉢に桐生砂の細粒を入れて、上から水をやって表面を平らにしてからタネをまき、土が乾かないように下から水を吸わせて半日陰の場所で管理します。種子が小さいため上から土をかけると発芽が悪くなりますから、覆土はしないようにしてください。発芽するのは４月ごろになりますが、発芽してきたら薄い液肥をやって育てます。最初は小さな双葉が出ますが、１カ月程度で本葉が出てきます。葉が鉢の外にはみ出るようになってくる９月ごろに１本ずつポットに移植してやります。

キキョウの果実と種子

こうして育てると晩秋には地下の根が太り、冬は茎や葉が枯れて根だけになります。翌年の3月には芽が動き始めますからそのころ径15㎝の鉢にまた移植してやると、その年の夏には花が咲きます。肥料を好みますから、土の中に元肥を入れると良い結果が得られます。

キキョウを復活させるためには、草刈りなどの作業を再開する必要があり、地元の人たちの協力が必要です。自然に任せていたら保護することはできませんから、ただ自生地を保護するだけでなく、人工的な繁殖も必要になってくると思います。種子から育てると一度に数多くの苗を得ることができて多くの人に分けることができます。これが保護につながりますから多くの人がタネまきしてほしいと思います。ただし、一般に販売されている苗は人間が改良した品種でどこの産地のものか分かりませんから、栽培する際は産地のはっきりした種子から育ててください。

19　謎の多い秋の七草　フジバカマ

◆自生地と特性

フジバカマは秋の七草の一つとして古くから知られていますが、謎の多い植物です。中国大陸や朝鮮半島にも分布するといわれており、日本のものは帰化植物と考えられていましたが、近年はもともと日本にあったのではないかといわれています。また、庭や鉢で一般に育てられているフジバカマは本来のフジバカマとは異なり、海外から導入された別の植物と考えられています。

日本では本州、四国、九州の河川敷などの明るい湿った草地に生えていましたが、河川敷の開発や護岸工事によって生育地が失われており絶滅寸前となっています。岡山県でも、以前は点々と自生していましたが、現在はほとんど見ることができません。

フジバカマは高さが1〜1・5ｍとなる多年草で、9月ごろに薄い赤

フジバカマ

紫色の小さな花を集めて付けますが、良い香りがあるため、中国ではハーブとして栽培されて浴用にも利用されるようです。ヒヨドリバナに似ていますが、地下茎が横に張って葉が厚く、花に香りがあるため容易に区別できます。

◆繁殖と保護

ふつう地下茎が伸びて増えますが、種子でも繁殖します。開花期にチョウなどの昆虫によって受粉をすると11月ごろには結実し、種子が成熟すると果実から離れて風に飛ばされます。タネが成熟すると果実が白く乾燥してきますから、離れ落ちる前に採種して保存

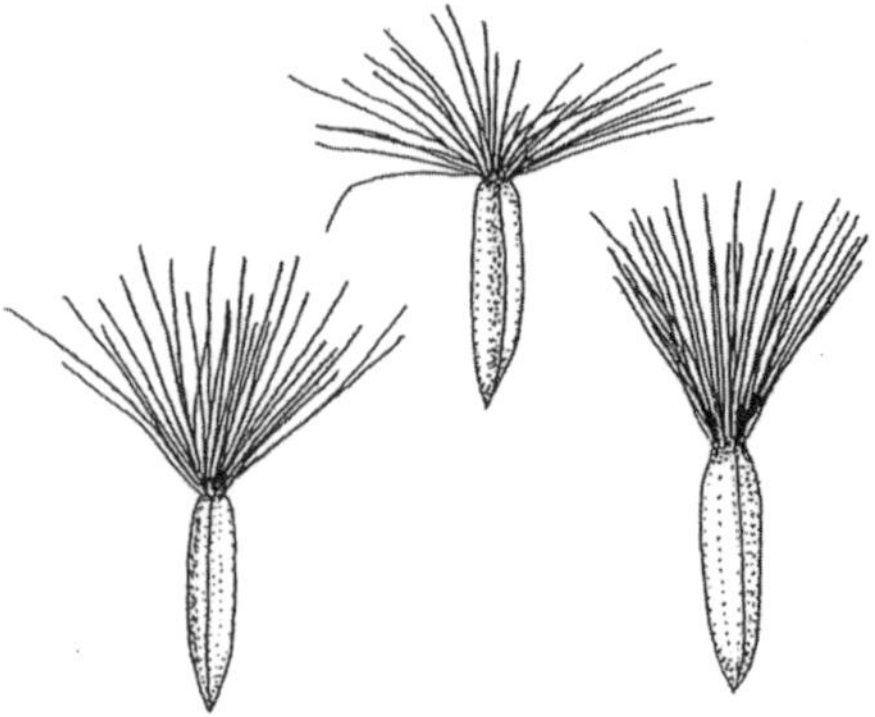

フジバカマの種子

しておきます。
タネまきは、3月に深さ15㎝程度の鉢に桐生砂と山砂を半分ずつ混合した土を入れてタネをまき、種子が飛ばされないように薄く土をかけて、水をやって湿らせておくと4月には発芽してきます。薄い液肥をやって日当たりの良い場所で育てると、秋には高さ15㎝前後になります。翌年の3月にはポットに1本ずつ移植してやり、移植後は乾燥しないようにして、元肥を土に混ぜ込んでおくと秋には50㎝以上になり、花が咲き始めます。

株が大きくなれば株分けして増やすことができますが、さし芽によっても増殖することができます。6月ごろに茎がかたくなってきたら、先を10㎝程度の長さに切り、切り口に発根促進剤をつけて桐生砂にさして半日陰で育ててやります。1カ月後には根が出てきますから、9月にポットへ移植してやります。

フジバカマの苗は、ホームセンターなどの店で売っていることがよくありますが、ほとんどがニセモノです。関東の河川ではまだ見ることができますが、岡山で苗や種子を入手するのは難しいかもしれません。ふつうフジバカマの葉は3つに裂けるのが特徴とされていますが、岡山県のものは葉が裂けないものが多く、タイプが異なっています。このように全国に分布する植物でも自生する場所によって遺伝的に異なるため、産地ごとに保存していくことが大切です。保護するためにはフジバカマの生育に適した環境を維持する必要がありますが、かなり難しいと思います。近い将来岡山では野生の個体が見られなくなるかもしれません。そのためにも早期に植物園などで岡山県産の個体を保存していくことが求められます。

20 湿った道端に生える雑草　ミゾコウジュ

◆自生地と特性

ミゾコウジュは、河川敷や水田の溝などの湿った草地に生育するサルビアの仲間です。和名は、香りが強く生薬にもなるコウジュ（ナギナタコウジュ）に似て溝に生えることから付いたと考えられています。

インド、オーストラリアと東アジアに広く分布し、日本では関東地方から西の各地に自生しています。もともと自然度の高い場所に生育している植物ではなく、かつては平野部の里山に普通に生えている植物でした。このような里山は、人間が生活する場所に近いため開発によって破壊されやすく、水田や河川敷などで一般的だった植物は管理放棄や除草剤の使用によって個体数が著しく減少しています。しかし、岡山県ではまだ数が多く、群生する場所もあります。

ミゾコウジュは、春になると茎が立ち上がり、高さ30～80㎝となり

ミゾコウジュ

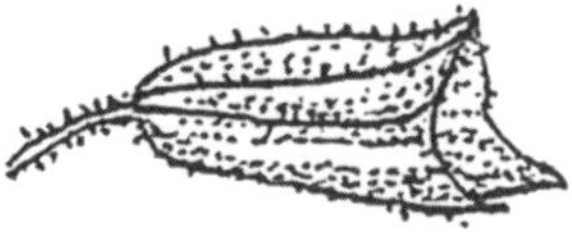

ミゾコウジュの果実

ミゾコウジュの種子

ミゾコウジュの花

ます。葉はだ円形で、5～6月に薄い紅色の小さな花を次々と咲かせます。

ふつう秋に発芽して冬を越す越年草で、開花した個体は枯れてしまうため、開花後1カ月程度で種子が結実し、成熟期になると自然に落下して分布を広げます。

◆繁殖と保護

繁殖は種子によって行われるため、タネまきする必要があります。種子が成熟して果実の色が茶褐色になってきたら、種子が落下する前に採種してすぐに取りまきします。深さ15㎝程度の深鉢に桐生砂の細粒を入れてタネをまき、覆土はせずに腰水をして湿らせておくと8月には双葉が発芽してきます。発芽から1カ月程度で本葉が出てきますから小さな株を間引いて、日当たりの良い場所で肥料をやって育ててやると秋には葉が成長して大きな株となります。それを翌年の春に1本ずつポッ

ミゾコウジュの幼苗

トに移植してやると初夏には開花し始めます。

ミゾコウジュは種子が多く取れ、鉢の外に種子が落ちて自然に苗ができてしまうこともあります。今のところすぐに絶滅する心配はありませんが、生育している場所が開発され失われてしまうと個体数が極端に減少してしまう恐れがあります。

かつて水田や畑のそばにある里山には人間の手が適度に入った半人工の自然が有り、多様な植物が生存していました。しかし、近年里山は人々から忘れさられて身近にあった植物も危機的な状態に追いやられています。日本の原風景ともいえるこのような植物について多くの人が認識を深めて注意を払うことが今必要ではないでしょうか。

21 中国大陸から渡ってきた　ミコシギク

◆自生地と特性

岡山県には、エヒメアヤメ、オグラセンノウ、ヤチシャジンなど中国大陸や朝鮮半島に分布し、陸つづきだったころに分布を広げて、現在も日本に残っている植物が点々と自生しています。ミコシギクもこのような植物の一つで日当たりの良い湿地に生える多年草です。ミコシギクの名は、枝のない長い茎の先に1個の花を付けた姿が神輿槍《みこしやり》に似ていることから付けられました。

日本では、関東地方から西の本州と九州の一部にしか分布しておらず、現在生育が確認できる産地は数えるほどしかなく、最近は、道路工事や湿地の開発によって数が著しく減少しています。岡山県でも、新見市の鯉が窪湿原のほかには目にすることが少なくなってきています。

ミコシギク

ミコシギクは、地下茎から芽を出して広がりますが、主として種子で繁殖しています。茎は70～１００㎝で直立し、10月ごろ直径5㎝程度のマーガレットに似た白い花を先に咲かせます。開花後花は枯れて基部に果実ができ、成熟すると種子は果実から落ちて風に飛ばされます。

◆繁殖と保護

タネまきの方法は、果実が成熟して種子が落ちる前に採種し、乾燥して保存しておきます。３月に深さ15㎝程度の鉢に桐生砂の細粒を入れてタネをまき、種子が風に飛ばされないように5㎜程度の土をかけてから水をやって湿らせておくと4月ごろには発芽してきます。最初は細長い双葉が開き、本葉がそのあとに出てきます。本葉は成長するにしたがって裂けた形になり、秋には高さ10㎝以上になります。冬は地上部が枯れてしまいますが、翌年の3月に桐生砂と山砂を半分ずつ混合した土の入ったポットに1本ずつ移植して、日当たりの良い場所で液肥をやりながら育てると秋には開花させることができます。

移植の際に株が大きくなっていれば、株分けして増やすこともできますが、ミコシギクは、さし芽によって簡単に増やすことができます。6月ごろに茎が少し硬くなってきたら枝の先を10㎝程度の長さに切り、

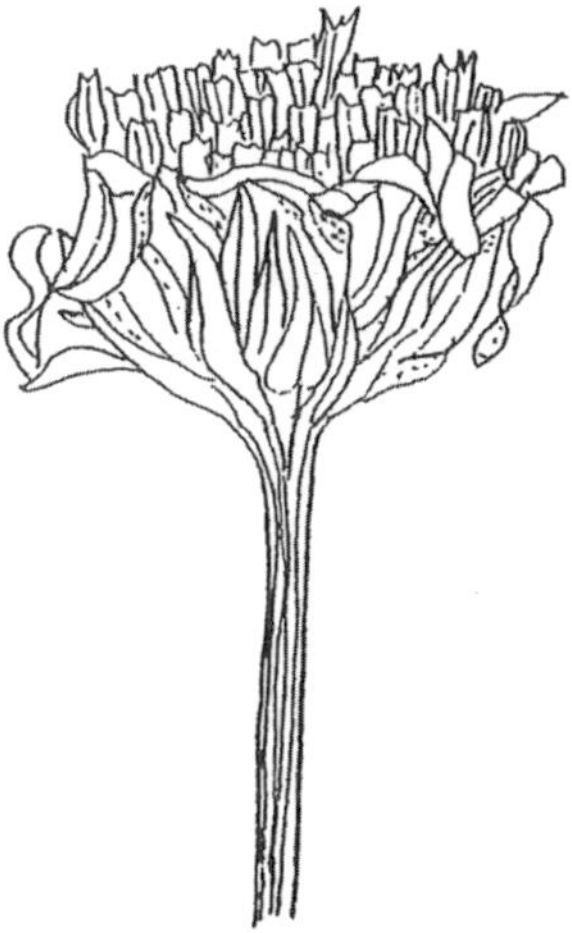

ミコシギクの果実

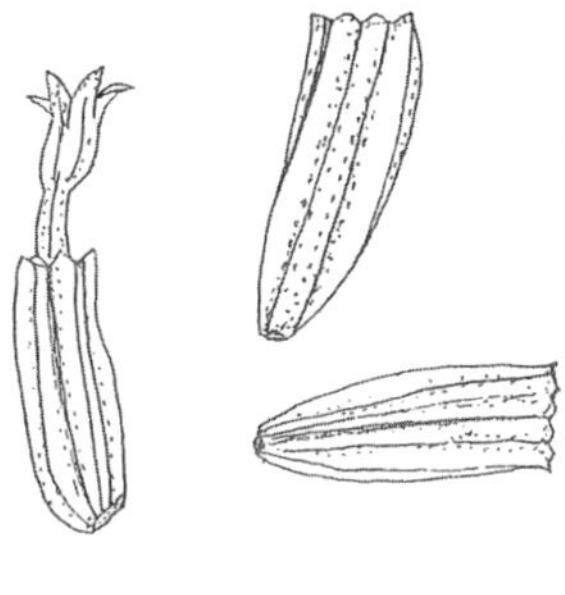

ミコシギクの種子

切り口に発根促進剤を付けてから桐生砂にさして、半日陰で乾燥しないように育てると1カ月程度で根が出てきます。これを鉢に移植してやると秋に開花してきます。

貴重な植物を保護していくには、開発を規制して生育地を保護していくことが何より大切ですが、現在のように開発が進んでしまうとそれは難しくなってしまいます。自然界では種子から発芽しても途中で枯れるものが多く増殖は難しいですが、人が保護してやれば一度に多くの苗が得られます。現在ミコシギクの苗や種子を入手するのは難しいですが、種子の発芽はよく栽培も簡単なので、これからは人工的な繁殖にも取り組む必要があると思います。幸い新見市の鯉が窪湿原にはまだ多くの個体が残されていますから、種子を取り実生栽培してそれを来訪者に安く販売するなどの活動ができればよいと思います。

22 岡山だけに残った希少種　ウスバアザミ

◆自生地と特性

岡山県にはヤマトレンギョウやナガバヤクシソウなどの日本で最初に発見された貴重な植物が自生しています。ウスバアザミもそのような植物の一つで、高梁市で最初に見つかり広島県や島根県、徳島県の一部に分布していましたが、現在見られるのは岡山県だけになっています。減少した原因は森林伐採や林道工事の影響と考えられていますが、気象の変化が関係しているかもしれません。

ウスバアザミはアザミの仲間で、葉が薄いことで名前が付きました。薄暗い山林内に生える多年草で高さ80～１４０cmとなり、9月から10月にかけて薄紫色の花を数個咲かせます。アザミは種類がたくさん有りますが、葉が薄くて深く裂けて花の付け根が粘るので区別できます。

果実は長楕円形で、成熟すると種子に付いている毛が伸びて風に飛ばされ、着地すると果実から毛は離れる仕組みになっています。そこで、タネまきをする際は果実が成熟して、裂開する前に採種して乾燥保存

ウスバアザミの花

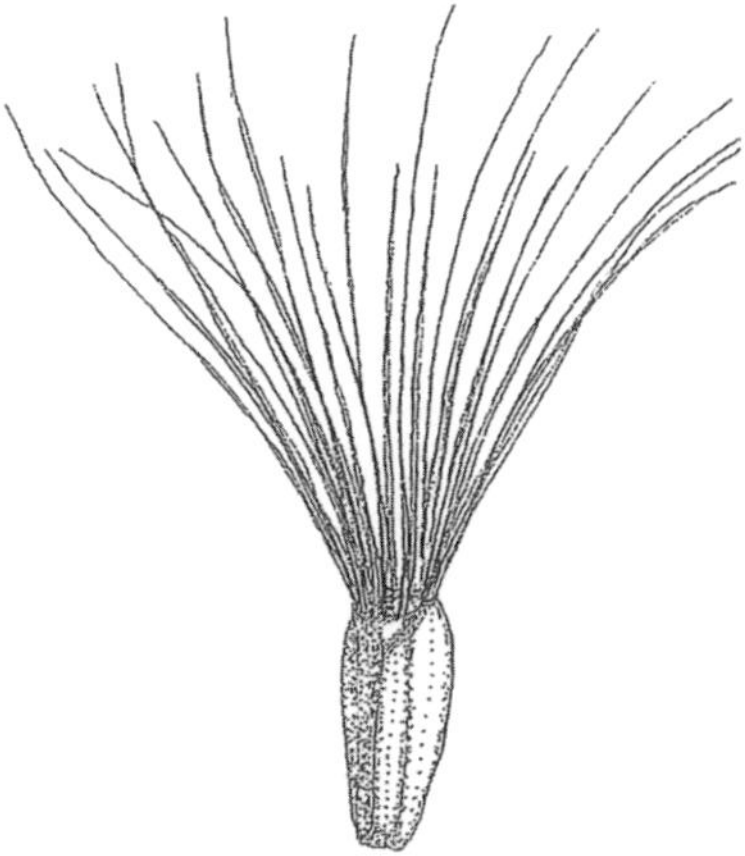

ウスバアザミの種子

しておきます。

◆繁殖と保護

3月に深さ15㎝程度の鉢に桐生砂と山砂を半分ずつ混合した土を入れて、種子に付いた毛を取ってからタネをまき、薄く土をかけてから水をやって湿らせておきます。4月には発芽し、最初は細長い双葉が開きますが、しばらくすると長楕円形の裂けた本葉が出てきます。7月には本葉が2、3枚出てきますから、乾燥しにくい雨の日に1本ずつポットに移植してやります。この際に土の中に元肥を混ぜ込んでおくと早く成長します。

翌年の3月にポットから出して古い根を取り除き、深さ20㎝程度の鉢に植え替えてやります。移植後は半日陰で、乾燥しないようにして薄い液肥を時々かけてやると秋には高さ50㎝以上に成長して開花します。また、庭に地植えしておくと株が大きくなって多くの花を見ることができます。

ウスバアザミの個体数は急速に減少しており、一刻も早く保護してやる必要があります。自生地を守ることは大切ですが、このままにし

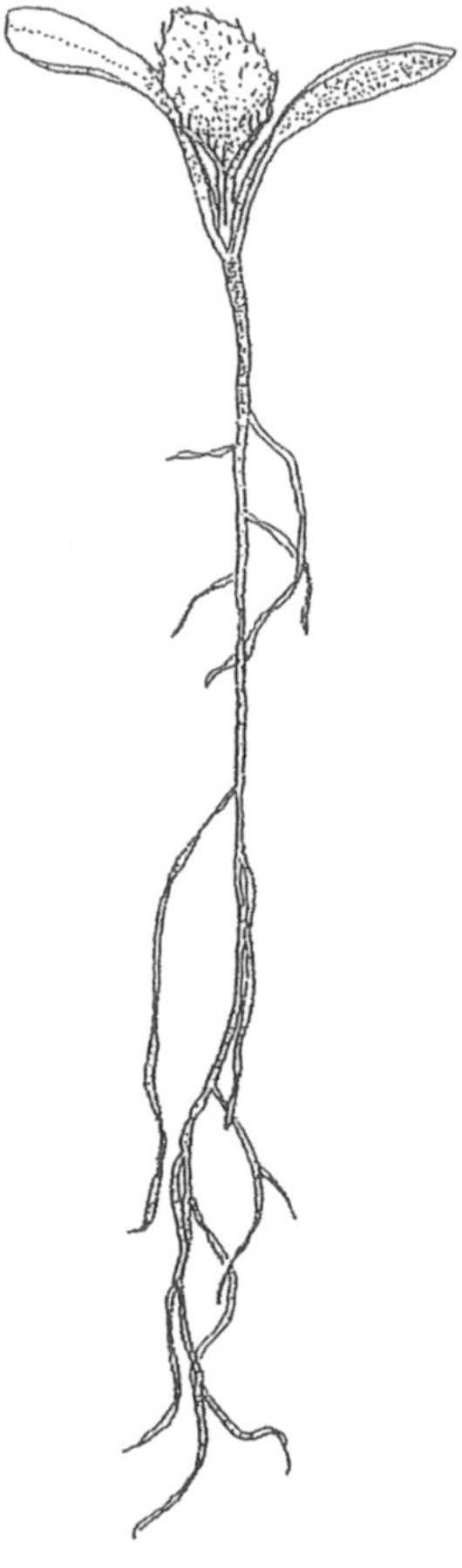

ウスバアザミの幼苗

ておくと絶滅してしまうかもしれません。

しかし、人がタネをまき保護してやれば発芽が良く、数多くの苗を得ることができます。このような活動を早急に行っていく必要がありますが、だれもまだやっていません。

珍しい種類のため苗や種子を手に入れるのは難しいかもしれませんが、栽培が比較的簡単で発芽もしやすいので、もし入手できたら繁殖に挑戦してみてください。全国の大学や植物園では、絶滅が危惧される植物の繁殖を地域ごとに分担して行っています。ウスバアザミについても今後取り組んでいただき、希少な植物を後世に残していってほしいと思います。

23 岡山だけの貴重な固有種　ナガバヤクシソウ

◆自生地と特性

岡山県には数多くの植物が自生していますが、ここだけに生える固有種といえるものは極めて少なく貴重です。ナガバヤクシソウはそのような植物の一つで、世界で岡山県中部の石灰岩地帯の岩場だけに自生する多年草です。高梁市で最初に見つかり、イワヤクシソウとも呼ばれますが、葉がヤクシソウにくらべて長いことからこの名が付きました。

以前は岡山の石灰岩地帯では、まれな植物ではなく秋に多くの花が見られましたが、近年は石灰岩の採掘や道路工事の影響で産地が減少しており、全国的にみても絶滅が心配されています。

ヤクシソウは開花すると枯れてしまいますが、ナガバヤクシソウは多年草で、10月ごろ1cm余りの黄色い小さな花を多数付けます。ヤク

ナガバヤクシソウ

シソウにくらべて小型で、地下茎は残りますが、主として種子で繁殖していると考えられます。開花後約2か月で細くて白い毛の付いた果実が結実し、種子が成熟すると果実が裂け、タネが風に飛ばされて広がります。

◆繁殖と保護

タネは果実が成熟する12月に採種して乾燥保存しておき、翌年の3月にタネまきをします。深さ15㎝程度の鉢に桐生砂と山砂を半分ずつ混合した土を入れてタネをまき、飛ばないように5㎜程度の土をかけて水をやり、湿らせておくと4月には発芽してきます。発芽後は時々

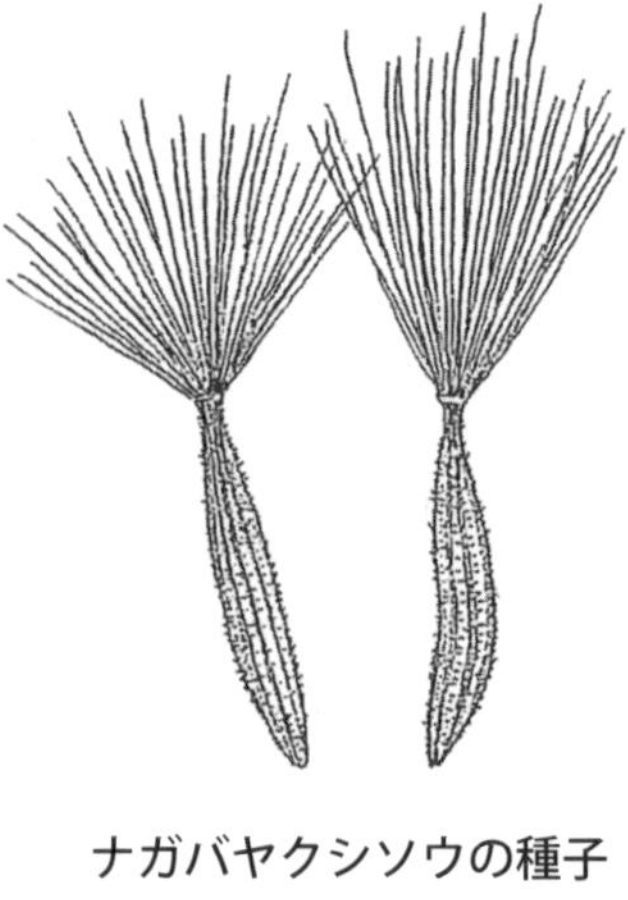

ナガバヤクシソウの種子

薄い液肥をかけてやると秋までには5㎝くらいに成長してくるので、翌年の3月に1本ずつポットに移植してやります。日当たりの良い場所で育てると秋には20㎝程度に茎が伸びて花を咲かせます。

多年草のため、新芽が伸びる3月に株分けして増やすこともできますが、2～3年すると株の勢いが弱まってきますから、毎年タネまきをして株を更新しないと無くなってしまいます。一般にはほとんど栽培されていませんから、種子や苗を手に入れることは難しいかもしれませんが、日当たりの良い場所で水はけの良い土に植えて肥料をやれば、比較的簡単に栽培ができます。

ナガバヤクシソウ

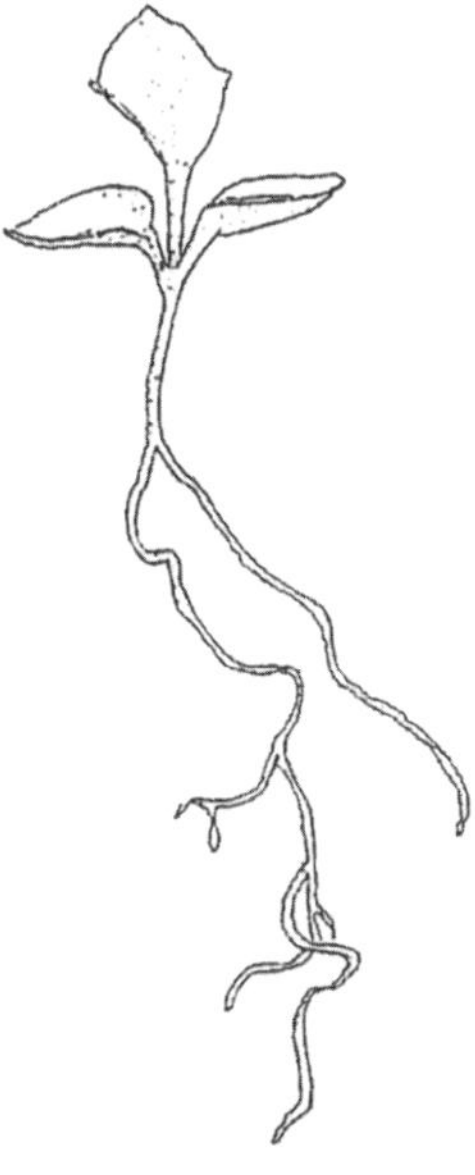

ナガバヤクシソウの幼苗

は、ほかの植物が生えにくい崖や岩場に最も早く定着できる特性を持っていますが、このような場所がコンクリートで固められてしまうと生育できなくなってしまいます。しかし、人間が生活していく上では安全に通行できることも大切で、道路の改修は必要ですから、これを止めることはできません。そう考えると人間が積極的に増殖して保護することが今後必要になるのではないかと考えています。

岡山では関心が低く、栽培されることは少ないですが、ここにしかない植物ですから、もし絶滅してしまったら地球から無くなってしまうと考えると早急に保護すべきです。サクラソウやミズアオイのように花が美しいわけでもなく、目立たない植物ですが、それらより重要度は高いと考えています。人が気にもかけない植物だからこそ絶滅の危機にあるのではないでしょうか。

24 日本では岡山にしかない　シラガブドウ

◆自生地と特性

岡山県には朝鮮半島や中国などに起源をもちながら、日本にも自生している植物が数多く残っています。シラガブドウもそのような植物の一つで、総社市で最初に採集され牧野富太郎によって新種として発表されましたが、のちに朝鮮半島から中国東部にも広く分布することがわかりました。日本では、岡山県の高梁川に沿う地域だけに分布していますが、近年河川改修や道路工事などによって自生地が失われており、個体数は著しく減少しています。

シラガブドウは、林の縁や河川敷に生えるツル性落葉樹で、葉は薄くて長さ7～15㎝となり、最初は薄いくも毛におおわれますが、表面の毛は後で無くなります。

6月に開花しますが雌雄異株で、花穂は長さ5～12㎝になります。

シラガブドウの果実

果実は直径7～8㎜の球形で11月ごろに黒く熟し、中に2～3個の種子が入っています。

シラガブドウの枝は毎年伸びて広がりますが、種子で分布を広げています。果実は熟してから木の上で乾燥し、冬には地表に落下します。種子は冬の間、寒さにあうことによって休眠からさめ気温が上がる春に発芽してきます。しかし、雌雄異株のため、異なる性の個体が近くにないと結実することが難しく、多くの個体数が必要となります。そのため、もし集団が小さくなってしまうと絶滅してしまう可能性が高まります。

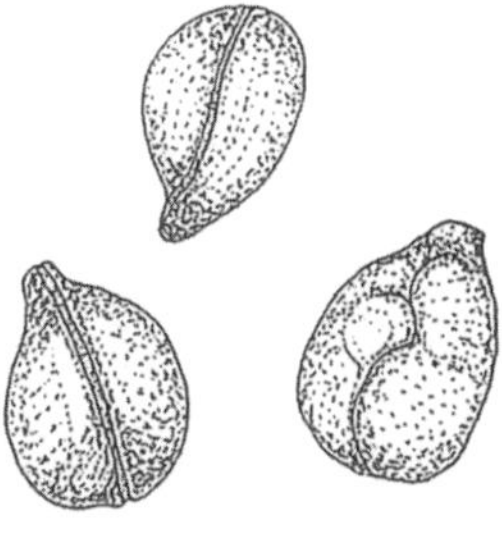
シラガブドウの種子

◆繁殖と保護

繁殖は、タネまきか春に枝をさすことになりますが、さし木の方が早く開花します。また、繁殖するためには異なる性の個体を保存する必要があります。

しかし、遺伝的な多様性を維持するためにはタネをまいて苗を育てる方が有利です。タネまきの方法は、果実が熟してきたら2～3㎜の種子を取り出し、果肉を洗い流してすぐに取りまきします。タネは深さ15㎝程度の深鉢に桐生砂と山砂を半分ずつ混合した土を入れた上にまき、タネまき後約5㎜の厚さで覆土をしてから十分水をやって乾燥しないように管理します。翌年の春には

シラガブドウの苗

だ円形の双葉が発芽し、1カ月程度で本葉が展開してきます。7月ころにはツルが伸びて15㎝程度に成長してきますからポットに1株ずつ移植して日当たりの良い場所で肥培してやります。

次の年には鉢を大きくするか、畑へ移植してやって株を大きく育てると2〜3年後には開花するようになります。

シラガブドウは雌雄異株で昆虫などが花粉を受粉することによってはじめて結実し、種子で繁殖することができます。そのため、これ以上個体数が減少すると結実が不可能となって集団を回復するのは難しくなってしまいます。一刻も早く保護を行っていかなければ日本から絶滅してしまいます。

果実は小さいですが、ヤマブドウと同じように食べることができますから、自生地周辺で地域特産物として加工し、育てていくことができれば良いのではないでしょうか。どこかで取り組んでみませんか。

25 帰化植物に負けてしまった　イヌノフグリ

◆自生地と特性

春になると道端に小さな青い花を咲かせるオオイヌノフグリという雑草を知っていますか。これは帰化植物で、イヌノフグリという名前は犬の睾丸《こうがん》の意味です。果実の形が似ていることからこの名が付きましたが、かわいそうな名前です。一方、イヌノフグリは昔から日本にあった植物で、これより花や果実が小さく、かわいい花なのに絶滅が心配されています。

明治以降に日本では外国から多くの人や品物が入ってくるようになり、数多くの帰化植物も流入してきました。そのため、いままで普通に見られた植物が生存競争に負けて追いやられ、絶滅危惧種に取り上げられたものがあります。イヌノフグリもそのような植物で、もともと東アジアに広く分布し、かつては日本の本州以南の道端や石垣に多く自生していました。しかし、オオイヌノフグリやタチイヌノフグリなどの帰化植物が広がるにつれて数が著しく減少しています。岡山でも古くからある石垣の間などに見られましたが、現在は岡山城の石垣でしか生えているのを見かけません。

イヌノフグリは秋から次の年の春まで生育する越年草で、結実すると枯れてし

イヌノフグリ

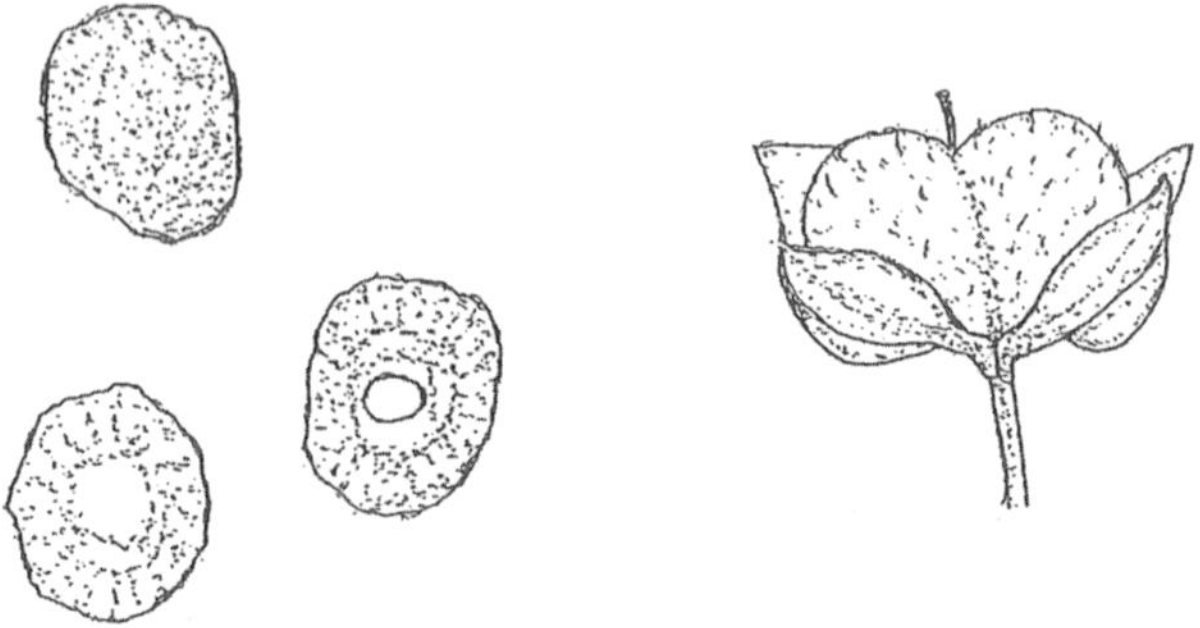

イヌノフグリの果実（右）と種子（左）

まいます。茎は枝分かれして地面に広がり、10～20㎝となります。2～4月ごろ葉の脇に小さな3㎜余りの薄い桃色の花を次々と咲かせます。

　果実は球形で中央がくびれた形をしており、開花後1カ月余りで成熟して0・5㎜程度の小さな種を自然に落下させます。

◆繁殖と保護

　イヌノフグリの苗を手に入れるのは難しいので、これを増殖するには、まず5月ごろに自生地の果実が熟して褐色に変わってきますから、種子を採集して深さ15㎝程度の平鉢に水はけのよい山砂を入れてから夕ネを取りまきます。水をやって日当たりの良い場所においておくと9月ごろから小さな双葉が発芽していきます。

発芽して1カ月程度で丸くて縮れた本葉が出てきますから、液肥をやって日当たりの良い場所で育てると、冬も株が大きく広がり翌年の早春には開花します。また、生育が良ければ鉢の外に種子が落ちて、自然に苗が得られることもあります。しかし、土が多湿すぎると株は枯れてしまいますから、水は土が乾いてからやるようにしてください。

イヌノフグリは、オオイヌノフグリに比べて種子の数が少なく、繁殖能力が劣っているため、石垣などの特殊な場所でしか生きられなく

イヌノフグリの幼苗

なっています。そのため、今後生育地が開発されてしまうと絶滅してしまうかもしれません。また小さな雑草で花も目立たないため、知らないうちに除草されることがないよう常に注意が必要です。

都会の地味な雑草ですが、そのような植物をもっと多くの人達に知っていただき、保護意識を高めることが絶滅から救う道ではないかと信じています。人間の知らないところで貴重な植物が絶滅しようとしていることを知り、小さな植物にも関心を持っていただければ幸いです。

イヌノフグリの花

おわりに

日本で最初に絶滅のおそれのある野生生物のリスト（レッドデータブック）が発行されたのは１９８９年で、そのころから、日本各地の絶滅危惧植物を訪ね歩き、その保存のために、タネをまいて観察してきました。そのころに比べると野生植物の生育環境はさらに悪化し、絶滅のおそれのある植物は増加しています。

そのため、国や県はこのような植物の流通や栽培を規制し、保護していこうとしています。しかし、絶滅危惧植物の多くは人間の生活や活動と大きく関わっているため、自生地を守るだけでは守り切ることはできません。また、個体数が減少してしまうと多様性が失われ、トキのように日本から絶滅してしまいます。

そこで、多様な個体があるうちに人工的に繁殖することも今後重要になってきます。このような観点から植物園などで一部の植物については繁殖の試みが始まっていますが、すべての絶滅危惧植物を繁殖することは難しく限界があります。

今後は、学生や一般のみなさんが異なる産地の多様な個体や多くの植物を栽培繁殖することによって種が保存されると考えています。アマチュアでもみんなで協力すれば、多くの絶滅が危惧される植物を守ることができます。

名もなき雑草とよく言いますが、日本在来の植物は古くから人間の生活と密接に関係してきた隣人です。何の役にも立たないかもしれませんが、人知れずいなくなってもいいとは思いません。どうにかして保存し、これからも仲良くしていければと思います。そのためにこの本が参考になれば幸いです。

日原　誠介

【参考文献】

佐竹義輔　大井次三郎ほか編『日本の野生植物　草本』（平凡社・1981〜1982）

佐竹義輔　原寛ほか編『日本の野生植物　木本』（平凡社・1989）

日本植物分類学会編『レッドデータ・ブック　日本の絶滅危惧植物』（農村文化社・1993）

岡山の自然を守る会編『岡山県の貴重な種子植物』（岡山の自然を守る会・1997）

大久保一治著『私の採集した岡山県自然植物目録　増補改訂版』（岡山花の会・1999）

矢原徹一監修『絶滅危惧植物　レッドデータプランツ』（山と渓谷社・2003）

著者略歴

日原　誠介（ひはら　せいすけ）

1956年、岡山県生まれ。
宇都宮大学大学院農学研究科修了後、岡山県農林水産総合センター農業研究所でイネとモモの育種を担当し新品種を育成。中学生のころから野生植物に興味を持ち、現在は日本各地の絶滅危惧植物をたずねて増殖するとともに、今まで知られていなかった植物の発見にも取り組んでいる。
岡山山草会副会長、みねはな会会員。

岡山文庫 333　岡山の絶滅危惧植物
―貴重な植物をタネから育てて守る―

令和6（2024）年5月15日　初版発行

著　者　日原誠介
発行者　荒木裕子
印刷所　研精堂印刷株式会社

発行所　岡山市北区伊島町一丁目4-23　日本文教出版株式会社
電話岡山（086）252-3175（代）
振替 01210-5-4180（〒700-0016）
http://www.n-bun.com/

ISBN978-4-8212-5333-3

101. 岡山と朝鮮・西川　宏
102. 岡山の和紙・臼井英治
103. 岡山の艶笑譚・立石憲利
104. 岡山の文学アルバム・山本遺太郎
105. 岡山の映画・松田完一
106. 岡山の石仏・巌津政右衛門
107. 岡山の橋・宗田克巳
108. 岡山のエスペラント・岡　一太
109. 岡山の狂歌・蓬郷　巌
110. 百間川・岡山の自然を守る会
111. 夢二のふるさと・真田芳夫 葛原茂樹
112. 岡山の梵鐘・川端定三郎
113. 岡山の演劇・山本遺太郎
114. 岡山話の散歩・岡　長平
115. 岡山地名考・宗田克巳
116. 岡山の戦災・野村増一
117. 岡山の町人・片山新助
118. 岡山の会陽・三浦　叶
119. 岡山の石・宗田克巳
120. 岡山の滝と渓谷・川端定三郎
121. 岡山の味風土記・岡　長平
122. 目でみる岡山の明治・巌津政右衛門
123. 岡山の散歩道 東西・佐藤米司
124. 目でみる岡山の大正・蓬郷　巌
125. 児島湾・同前峰雄
126. 岡山の庶民夜話・佐上静夫
127. 岡山の修験道の祭・川端定三郎
128. 目でみる岡山の昭和Ⅰ・蓬郷　巌
129. 岡山のふるさと雑話・佐上静夫
130. 岡山のことわざ・佐藤・次田 竹内・福尾
131. 目でみる岡山の昭和Ⅱ・蓬郷　巌
132. 瀬戸大橋・ＯＨＫ編
133. 岡山の路上観察・香川・河原
134. 岡山の相撲・三宮朔山
135. 岡山の古文献・中野美智子
136. 岡山の門・小出公大
137. 岡山の内田百閒・岡　将男
138. 岡山の彫像・蓬郷　巌
139. 岡山の名水・川端定三郎
140. 両備バス沿線・両備バス広報室
141. 岡山の明治の雑誌・片山・来田 菱川
142. 岡山の災害・蓬郷　巌
143. 岡山の看板・河原　馨
144. 由加山・原　三正
145. 岡山の祭祀遺跡・八木敏乗
146. 岡山の表町・岡山を語る会
147. 逸見東洋の世界・臼井洋輔
148. 岡山ぶらり散策・河原　馨
149. 岡山名勝負物語・久保三千雄
150. 坪田譲治の世界・善太と三平の会
151. 備前の霊場めぐり・川端定三郎
152. 藤戸・原　三正
153. 矢掛の本陣と脇本陣・武・中山・岡田 池田・柴口
154. 岡山の図書館・黒崎義博
155. 岡山の戦国時代・松本幸子
156. 岡山の資料館・河原　馨
157. カブトガニ・惣路紀通
158. 正阿弥勝義の世界・臼井洋輔
159. 木山捷平の世界・定金恒次
160. 岡山の備前ばらずし・窪田清一
161. 良寛さんと玉島・森脇正之
162. 備中の霊場めぐり・川端定三郎
163. 岡山の多層塔・小出公大
164. 六高ものがたり・小林宏行
165. 下電バス沿線・下電編集室
166. 岡山の博物館めぐり・川端定三郎
167. 岡山の民間療法(上)・鶴藤鹿忠 竹内平吉郎
168. 吉備高原都市・小出公大
169. 玉島風土記・木村岩治
170. 洋学者箕作阮甫とその一族・森脇正之
171. 夢二郷土美術館・松田　基 楢原雄一
172. 岡山のダム・川端定三郎
173. 岡山の森林公園・河原　馨
174. 宇田川家のひとびと・水田楽男
175. 岡山の民間療法(下)・鶴藤鹿忠 竹内平吉郎
176. 岡山の温泉めぐり・川端定三郎
177. 阪谷朗廬の世界・山下五樹
178. 目玉の松ちゃん・尾上松之助 中村房吉
179. 吉備ものがたり(上)・市川俊介
180. 中鉄バス沿線・中鉄バス(株)企画部
181. 飛翔と回帰―国吉康雄の西洋と東洋・小澤善雄
182. 岡山の智頭線・河原　馨
183. 出雲街道・片山　薫
184. 備中高松城の水攻め・市川俊介
185. 美作の霊場めぐり・川端定三郎
186. 吉備ものがたり(下)・市川俊介
187. 津山の散策 にしひがし・黒田　晋 竹内平吉郎
188. 倉敷福山と安養寺・前川　満
189. 鷲羽山・山本慶一 西田正憲
190. 和気清麻呂・仙田　実
191. 岡山たべもの歳時記・鶴藤鹿忠
192. 岡山の源平合戦談・市川俊介
193. 岡山の氏神様・三宮朔山
194. 岡山の乗り物・蓬郷　巌
195. 岡山・備前地域の寺・川端定三郎
196. 岡山ハイカラ建築の旅・河原　馨
197. 牛窓《うしまど》を歩く・前川　満
198. 岡山のレジャー地・倉敷ぶんか倶楽部
199. 斉藤真一の世界・斉藤裕重 イシイ省三
200. 巧匠 平櫛田中・原田純彦

201. 総社の散策・神野力・葛原克人・加藤信二
202. 岡山の路面電車・楢原雄一
203. 岡山ふだんの食事・鶴藤鹿忠
204. 岡山のふるさと市・倉敷ぶんか倶楽部
205. 岡山の流れ橋・渡邉隆男
206. 岡山の河川拓本散策・坂本亜紀児
207. 備前を歩く・前川満
208. 岡山言葉の地図・今石元久
209. 岡山の和菓子・太郎良裕子
210. 吉備真備の世界・中山薫
211. 柵原散策・片山薫
212. 岡山の岩石・野瀬重人・沼野忠之
213. 岡山の能・狂言・金関猛
214. 岡山の鏝絵・赤松壽郎
215. 山田方谷の世界・朝森要
216. 岡山おもしろウオッチング・おかやま路上観察学会
217. 岡山の通過儀礼・鶴藤鹿忠
218. 日生を歩く・前川満
219. 備北・美作地域の寺・川端定三郎
220. 岡山の親柱と高欄・渡邉隆男
221. 西東三鬼の世界・小見山輝
222. 岡山の花粉症・三好・難波・岡野・山本
223. 操山を歩く・谷淵陽一
224. おかやま山陽道の拓本散策・坂本亜紀児
225. 霊山熊山・仙田実
226. 岡山の正月儀礼・鶴藤鹿忠
227. 原子物理学の父 仁科芳雄・井上泉・イシイ省三
228. 赤松月船の世界・定金恒次
229. 邑久を歩く・前川満
230. 岡山の宝箱・臼井洋輔・臼井隆子
231. 平賀元義を歩く・渡部秀人・竹内佑宜
232. 岡山の中学校運動場・奥田澄二
233. おかやまの桃太郎・市川俊介
234. 岡山のイコン・植田心壮
235. 神島八十八ヶ所・坂本亜紀児
236. 倉敷ぶらり散策・倉敷ぶんか倶楽部
237. 作州津山 維新事情・竹内佑宜
238. 坂田一男と素描・妹尾克己・イシイ省三
239. 岡山の作物文化誌・臼井英治
240. 児島八十八ヶ所霊場巡り・倉敷ぶんか倶楽部
241. 岡山の花ごよみ・前川満
242. 英語の達人・本田増次郎・小原孝
243. 城下町勝山ぶらり散策・橋本惣司・倉敷ぶんか倶楽部
244. 高梁の散策・朝森要
245. 薄田泣菫の世界・黒田えみ
246. 岡山の動物昔話・立石憲利・江草昭治
247. 岡山の木造校舎・河原馨
248. 玉島界隈ぶらり散策・小野敏也・倉敷ぶんか倶楽部
249. 岡山の石橋・北脇義友
250. 哲西の先覚者・加藤章三
251. 作州画人伝・竹内佑宜
252. 笠岡諸島ぶらり散策・NPO法人かさおか島づくり海社
253. 磯崎眠亀と錦莞莚・吉原睦
254. 岡山の考現学・おかやま路上観察学会
255. 「備中吹屋」を歩く・前川満
256. 上道郡沖新田・安倉清博
257. 続・岡山の作物文化誌・臼井英治
258. 土光敏夫の世界・猪木正実
259. 吉備のたたら・岡山地名研究会
260. いろはで綴る ボクの子供事典・赤枝郁郎
261. 民話の里 鏡野町伝説紀行・立石憲利・片田知宏
262. 笠岡界隈ぶらり散策・ぶらり笠岡友の会
263. つやま自然のふしぎ館・森本信一
264. 岡山の山野草と野生ラン・小林克己
265. 文化探検 岡山の甲冑・臼井洋輔
266. ママカリ ヒラに まったりサーラ・窪田清一
267. 岡山の駅舎・河原馨
268. 守分 十の世界・猪木正実
269. 備中売薬・土岐隆信・木下浩
270. 倉敷市立美術館・倉敷市立美術館
271. 津田永忠の新田開発の心・柴田一
272. 岡山ぶらりスケッチ紀行・南一平・網本善光
273. 倉敷美観地区 歴史と民俗・吉原睦
274. 森田思軒の世界・倉敷ぶんか倶楽部
275. 三木行治の世界・猪木正実
276. 岡山路面電車各駅街歩き・倉敷ぶんか倶楽部
277. 赤磐きらり散策・高畑富子
278. 岡山民俗館 民具一〇〇選・岡山民俗学会
279. 笠岡市立竹喬美術館・笠岡市立竹喬美術館
280. 岡山の夏目金之助(漱石)・横山俊之・熊代正英
281. 吉備の中山を歩く・熊代哲士・熊代建治
282. 備前刀 日本刀の王者・佐藤寛介・植野哲也
283. 繊維王国おかやま今昔・猪木正実
284. 温羅伝説・中山薫
285. 現代の歌聖 清水比庵・笠岡市立竹喬美術館
286. 鴨方往来拓本散策・坂本亜紀児
287. 玉島旧柚木家ゆかりの人々・倉敷ぶんか倶楽部
288. カバヤ児童文庫の世界・岡長平
289. 野﨑邸と野﨑武左衛門・猪木正実
290. 岡山の妖怪事典 妖怪編・木下浩
291. 松村緑の世界・黒田えみ
292. 吉備線各駅ぶらり散策・倉敷ぶんか倶楽部
293. 「郷原漆器」復興の歩み・高山雅之
294. 作家たちの心のふるさと・加藤章三
295. 自画像の異彩画家 河原修平の世界・倉敷ぶんか倶楽部
296. 岡山の妖怪事典 鬼・天狗・河童編・木下浩
297. 歴史・伝承・文学・アート 岡山の魅力再発見・柳生尚志
298. 井原石造物歴史散策・大島千鶴
299. 岡山の銀行 合併・淘汰の150年・猪木正実
300. 吹屋ベンガラ・臼井洋輔